"十四五"普通高等教育本科部委级规划教材

时尚手绘配饰设计

胡俊　蒋熙｜著

中国纺织出版社有限公司

内 容 提 要

本书为"十四五"普通高等教育本科部委级规划教材。

全书共七章,从手绘的基本原理、色彩应用、透视法和绘制技法入手,逐章逐节详细介绍了首饰、箱包、鞋品、腕表、眼镜与腰带等主要配饰品的结构、材质、设计与绘制方法,是一本全面而系统介绍时尚手绘配饰设计的书籍。书中不仅包含诸多时尚靓丽的配饰作品图片,使读者对时下国内外最新的配饰设计状况有一个初步的了解。此外,还对手绘配饰设计进行了分步呈现,并附有步骤详解,便于读者从中获取完整的绘制技法信息,令读者的手绘设计练习变得轻而易举。本书集结一众手绘好手,为读者提供了精彩纷呈而又风格迥异的手绘配饰设计图。

本书既可作为高等院校配饰设计的专业教材,也可作为相关从业人员以及配饰设计爱好者的参考书。

图书在版编目(CIP)数据

时尚手绘配饰设计 / 胡俊,蒋熙著 . -- 北京:中国纺织出版社有限公司,2023.8

"十四五"普通高等教育本科部委级规划教材

ISBN 978-7-5229-0971-4

Ⅰ.①时… Ⅱ.①胡… ②蒋… Ⅲ.①服饰－绘画技法－高等学校－教材 Ⅳ.① TS941.2

中国国家版本馆 CIP 数据核字(2023)第 166126 号

责任编辑:郭 沫 魏 萌 责任校对:王蕙莹
责任印制:王艳丽

中国纺织出版社有限公司出版发行

地址:北京市朝阳区百子湾东里 A407 号楼 邮政编码:100124

销售电话:010—67004422 传真:010—87155801

http://www.c-textilep.com

中国纺织出版社天猫旗舰店

官方微博 http://weibo.com/2119887771

北京华联印刷有限公司印刷 各地新华书店经销

2023 年 8 月第 1 版第 1 次印刷

开本:787×1092 1/16 印张:11.5

字数:217 千字 定价:68.00 元

时尚人士总喜欢在自己身上点缀漂亮的饰品，显然，他（她）们都希望通过装点能在自己的身上留下美好的印记。而时尚人士总是善变的，喜爱在不同的场合、季节、节日或者结合当时的心境佩戴不同的配饰。

简而言之，配饰就是穿戴或携带在人身上的、具有装饰性与独立性特征的物品。作为一种搭配装扮的点缀品，配饰具有表现个人品位、身份和个性的功能。配饰可以被携带，也可以被穿戴。传统上可被携带的配饰有钱包、手袋、扇子、伞、拐杖和礼仪剑等，可被穿戴的配饰有领带、帽子、鞋品、皮带、吊带、手套、首饰、腕表、眼镜、披肩、围巾和袜子等。

在维多利亚时代，诸如扇子、遮阳伞和手套之类的时尚配饰，对于判别时尚人士的性别、种族和阶级等都具有重要意义。在那个时代，时尚女性趋向于追求休闲的生活方式，因此，时尚配饰得到较大发展。时至今日，时尚配饰在时尚界变得越来越重要。时尚达人利用一切可能的方式来装扮自己，以标榜自己的独特品位。

时尚配饰的空前发展，给时尚配饰设计带来了新的机遇与挑战。新时代的配饰设计要求配饰设计师具备多方面的素质，包括极强的造型能力、敏锐的市场嗅觉以及高雅的审美情趣等，可以说，配饰设计已是一种体现设计师综合能力的设计艺术。所有这些综合能力的基础就是手绘设计，因为手绘设计快速而忠实地记录了设计师的设计概念、灵感来源、作品形态与色彩信息等，在配饰设计中占据不可忽视的重要地位。

　　本书的完成有赖于编写团队的通力合作，这个团队由高校教师、独立配饰设计师及高校配饰专业学生组成，他们在配饰设计与教育领域经营多年，具有丰富的手绘设计经验。本书第一章由陈艺和胡俊共同编写，第二章由陈艺独立编写，第三章和第四章由蒋熙独立编写，第五章、第六章和第七章由胡俊独立编写。感谢袁春然为本书绘制封面，此外，诸多配饰专业学生也为本书提供了大量的手绘图，他们是程梦琪、陈庆邦、陈婷、甘杨、郭丽君、韩蓦、韩凡、黄梓涵、姜文锜、刘雨桐、李逸同、李芳仪、李紫岚、李小龙、梁晓晴、孙逐月、孙乙文、肖雨菲、王煜鑫、王晨晨、吴雅睿、徐孖超、闫蓉笑、张菁、张浦元、郑雅琪、朱兆霆、朱丹、朱登宇，在此一并致谢。

胡俊

2023 年 6 月 8 日

目录

第1章 手绘配饰设计概述

1.1 手绘的重要性

手绘是一种配饰设计师必备的表现形式，试想，当我们有了好的创意，却无法表达出来，这是多么令人遗憾的事情啊！这就需要我们掌握一种能够迅速、准确表达自己设计意图的手段，这个手段就是手绘。即便在计算机绘图相当发达的今天，手绘依然具有计算机绘图不可替代的优点。

1.1.1 什么是配饰

人们的日常生活离不开配饰，时尚生活更离不开配饰。那么，什么是配饰？简单来说，配饰就是穿戴或携带在人身上的、具有装饰性与独立性特征的物品。作为一种搭配装扮的点缀品，配饰的时尚性不言而喻。配饰的种类繁多，一般包括首饰、箱包、鞋品、眼镜、腰带、腕表、手套、扇子等（图1-1、图1-2）。

图1-1 | 时尚眼镜设计作品

图1-2 | 时尚腕表设计作品

1.1.2 设计草图

我们在设计的初始阶段都会绘制设计草图，来审视自己的设计思路和概念，推敲产品的形态。设计草图一般以线条为主，形式比较自由，由于草图的主要目的在于快速记录设计灵感和原始意念，所以一般并不追求细节效果和准确性（图1-3~图1-6）。

图1-3 | 首饰设计草图 I

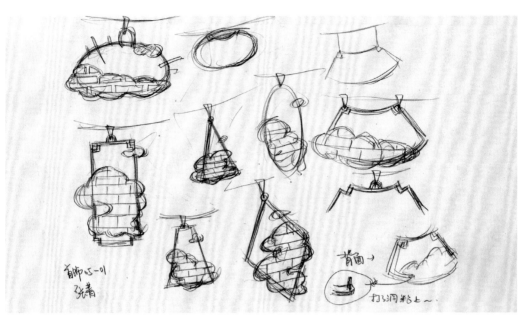

图1-4　|　首饰设计草图Ⅱ（张菁绘制）

图1-5　|　背包设计草图（甘杨绘制）

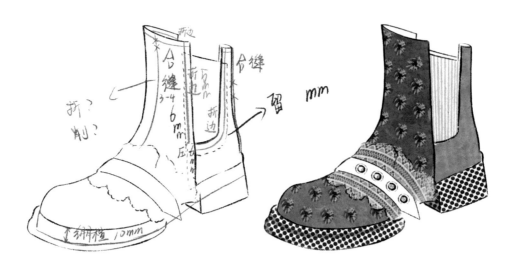

图1-6 | 鞋品设计草图（程梦琪绘制）

1.2 手绘工具

任何手绘都要借助一定的工具材料才能实现，手绘所用工具材料比较多样，一般分为四类，包括纸张、颜料、画笔和辅助工具。

纸张有素描纸、水彩纸、水粉纸、牛皮纸、硫酸纸（拷贝纸）、色卡纸、特种纸等（图1-7）。每一种纸张都有不同的特性，需要在手绘实践中不断总结经验，对其性能了然于心，才能充分发挥纸张的作用，最大限度地表现手绘的魅力。

颜料有水粉（宣传色、广告色）、水彩、丙烯、透明水色等（图1-8）。一般有锡管装、瓶装、塑料盒装等多种包装形式。每一种颜料的覆盖性都不同，其中以水粉的覆盖性最强，水彩最弱。覆盖性强的颜料适合于反复修改的画法，而覆盖性弱的颜料适合于一气呵成的画法。

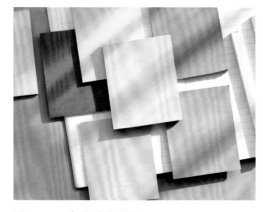

图1-7 | 各种手绘用纸

图1-8 | 各种颜料

画笔有铅笔、炭笔、彩铅、马克笔、水粉笔、水彩笔、毛笔、签字笔、中性笔、针管笔、蜡笔等，种类较多（图1-9）。由于每一种画笔的大小和硬度都不同，绘制出来的线条与色块的粗细及肌理也不同，因此我们需要在手绘实践中不断练习各种画笔的不同画法，并总结经验，才能最大限度地掌握多种手绘技法。

辅助工具有橡皮、尺子、三角板、曲线板、圆规、分规、美工刀、调色盒、调色盘，以及各种形状的模板等（图1-10）。这些辅助工具用途不同，可以帮助我们准确而快速地描绘各种线条、角度、圆弧等形态，以及调整和修改画面。

图1-9 | 各种画笔

图1-10 | 各种手绘辅助工具

1.3 如何学好手绘

手绘是从事配饰设计工作的一项必备专业技能，那么应如何学习手绘呢？首先必须具备一定的绘画基础，可以先选择一些简单的手绘效果图进行临摹；其次，必须勤加练习，这是最为关键的；最后，可以阅读一些有关手绘的书籍，增加这方面的知识。

手绘的第一步是从线条描绘开始的。不论是否有绘画的经验和技巧，线条的勾画练习都可以使我们的手最快速地接收纸面与笔尖传递过来的信息。先不要考虑自己是否能画好，迈出下笔勾画线条的第一步十分重要。从最简单的直线与曲线开始勾画，在这个过程中可以迅速找到手感。

速写是提升和保持手感的捷径。如果没有绘画经验，初期的速写可能有些不尽如人意，但坚持练习，一定时间以后，勾画水平也会有非常明显的进步。速写可以提高手眼配合的能力，增强对笔的控制力，以及提升对细节的观察力，而且对快速抓住形体特征和理解形体都有非常大的帮助。随意勾画我们看到的或想到的物体，就会发现，原来身边那些平凡的物体竟然如此具有新意，令人称奇。保持速写的习惯，对观察事物、理解事物，以及提升手绘技能都大有裨益。

任何手部技能的提升都离不开长期的练习，手绘同样如此（图1-11）。想要不断提升手绘画面的效果，第一步就是坚持手绘练习，坚持的结果就是能够长时间保持绘画的手感。我们可以随身携带纸和笔，闲暇时间就可以进行简单的速写练习，也可以迅速记录一瞬间迸发的灵感，往往好的创意都是从瞬间迸发的灵感开始的。

临摹是对优秀画作最直接的学习，每个人的绘画技巧、习惯和方式都是不同的，画面的风格和效果也因此不同。在临摹的过程中，最重要的是体会作者如何把控画面效果，学习作者观察事物的方式，并模仿不同的手绘技巧和方法，所以，临摹无疑是手绘快速入门和进阶的捷径。

注意，手绘不只是画画而已，最重要的是在下笔前的思考，对要绘制对象的理解，以及想要表达的核心内容。明确绘画意图，因为绘画意图一定会直接表现在我们的画作上，蕴含思考的画作会使画面具有灵气。

在设计和绘制配饰时，需特别注意它

图1-11 | 坚持手绘练习

的材质及佩戴功能，要知道，能画出来并不代表一定可以实际制作出来。因此，想要有好的具有实用功能的配饰设计，就一定要了解配饰的制作工艺。配饰的结构一定要合理、严谨，否则，就很容易松散。熟练掌握工艺和结构，可以提升配饰设计的佩戴性与舒适性。另外，我们还需掌握大小、比例、色彩搭配、场景气氛设计等，理解并掌握透视规律，应用透视法则处理好各形态的关系，确保画面中的所有形体都结构准确、比例得当，具有立体感。

在手绘练习的初期，可以多临摹一些优秀的配饰手绘作品，学习其中的绘画技巧，逐渐实现独立绘制。在这个过程中，随着手绘练习不断深入，自身的专业理论知识和艺术修养不断提升，创造性思维不断被激发，此时，我们对手绘技巧与艺术语言的掌控能力就会大大提高，进而对手绘艺术产生独特的理解，从而形成独特的手绘艺术风格（图1-12）。

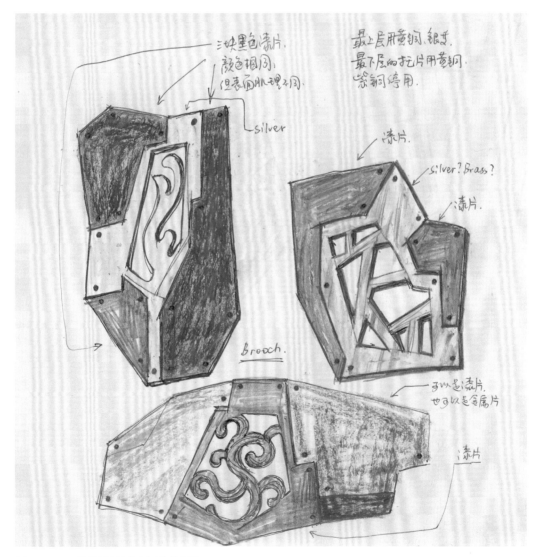

图1-12 ｜ 首饰设计图（胡俊绘制）

1.4 透视与三视图

透视是一切绘画的基础，要想练好手绘，必须准确把握透视。透视不仅使物体看起来多维、饱满，还可以制造距离感和空间感，因而透视理论是必须学习的重点理论之一。三视图是研究空间与图形的基础，能使人更好地理解立体图形与平面图形的关系，所以，三视图的学习也必不可少。

1.4.1 透视

透视是一种在平面上描绘物体的空间关系的方法或技术，使用透视的绘图方法可以使平面上的物体具备立体感，并使画面上的物体具有体积感和空间距离感。

如图1-13所示，掌握正确的透视原理，可以让我们在没有实物对照的情况下，快速而准确地从多角度描绘出戒指的形态。

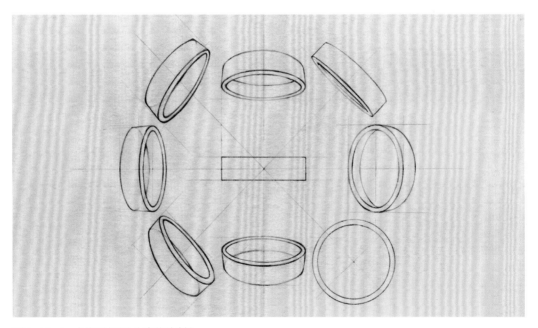

图1-13 | 戒指透视图（陈艺绘制）

由于配饰的体积一般不会太大，因此，绘制配饰常用的透视法只有较为简单的两种，即一点透视法和两点透视法，一般不会使用更为复杂的多点透视法。

（1）一点透视法

一点透视也称为平行透视，是最为常用的透视法，它是当物体的一侧与画面构成平行关系时产生的透视法则。一点透视在视平线上只有一个灭点，因此得名"一点透视"。根据一点透视法绘制的画面，具有较强的稳定感、纵深感和冲击力。一点透视可以很好地表达空间的远近关系，多用于展现街景、长廊、公路等具有纵深感的空间。在配饰设计的绘制中使用一点透视法，可以增强配饰的立体纵深感（图1-14~图1-16）。

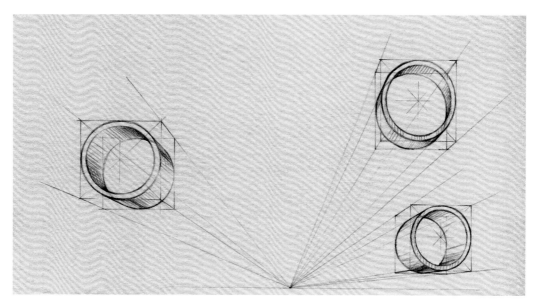

图1-14 | 戒圈的一点透视图（陈艺绘制）

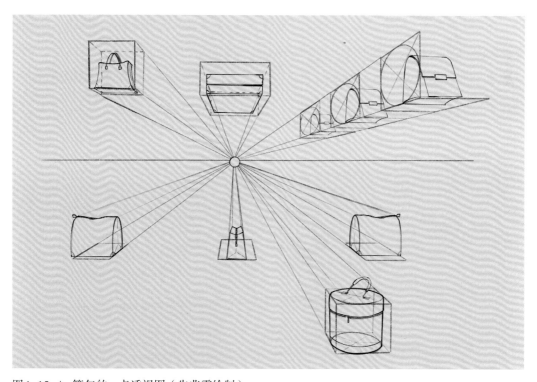

图1-15 | 箱包的一点透视图（朱兆霆绘制）

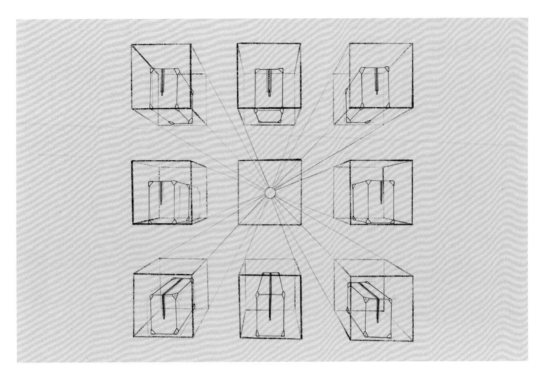

图1-16 | 旅行箱的一点透视图（朱兆霆绘制）

（2）两点透视法

两点透视也称为成角透视，为配饰制图最常用的透视法。成角透视是指物体每个面都不与画面平行，且成一定角度时，在视平线上产生两个灭点所产生的透视，因此得名"两点透视"。使用两点透视法绘制的画面具有张力与活力，能很好地表达物体的结构感与立体感（图1-17）。

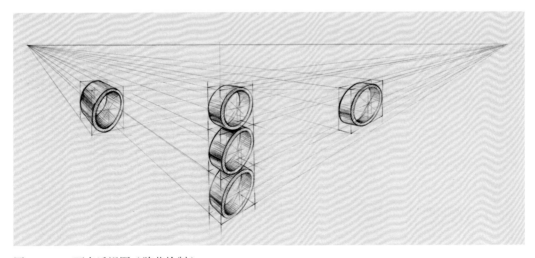

图1-17 | 两点透视图（陈艺绘制）

掌握透视的原理有助于我们理解与表达配饰结构，在设计稿中充分展现配饰的细节，确保设计意图的精准传达和后期制作工艺的准确应用（图1-18）。

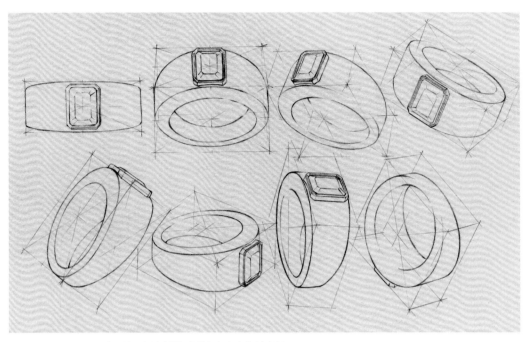

图1-18 ｜ 运用两点透视法绘制的戒指图（陈艺绘制）

1.4.2 三视图

三视图是能够正确反映物体尺寸的正投影工程图。把视线作为平行投影线，当视线正对物体时，将所见物体轮廓用正投影法绘制出来的方法称为视图。三视图是观测者从前面、侧面、上面三个不同方向得到的三个视图，分别为主视图、侧视图和俯视图。综合三个视图可以基本得到物体的立体形态及尺寸。

在配饰设计过程中，三视图是不可或缺的重要一环。当配饰为不对称形态时，甚至需要更多的视图、剖面图、细节图、结构图等作为补充，从而得到完整的配饰结构设计图。在绘制三视图时，需要遵循三个原则：主视图和俯视图的长相等，主视图和侧视图的高相等，侧视图和俯视图的宽相等。

（1）形成原理

使用正投影法将物体分别向前方、侧方与顶方进行投射，获得三个正投影图，展开这三个正投影图，即获得物体的三视图（图1-19）。

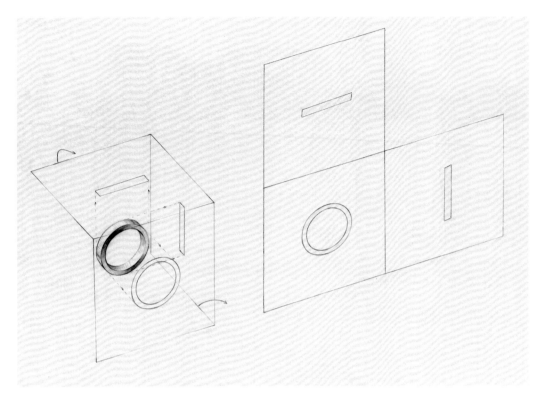

图1-19 | 戒圈向前方、侧方与顶方的投影及投影获得的三视图（陈艺绘制）

（2）确定比例

在鞋品、箱包与腰带设计的三视图中，我们一般采用1∶5的比例，而在首饰、眼镜、腕表等配饰设计的三视图中，一般采用1∶1的比例，这样更容易反映配饰的实际尺寸，避免设计误差。需要注意的是，这个比例不是固定不变的，需要根据不同配饰的实际尺寸来进行选择。根据选定的比例来确定画幅的大小，注意在每个视图中留出适当的空间来标注尺寸。

（3）画基准线

为了在画面中确定三视图的大概位置，首先，我们需要绘制两条互相垂直的横线和纵线，形成一个"井"字形，此时，画面会出现四个交叉点。我们一般将主视图置于左下方的交叉点，将俯视图置于左上方的交叉点，将侧视图置于右下方的交叉点。其次，从右上方的交叉点绘制一条穿过左下方到右上方的呈45°角的斜线，在绘制俯视图和侧视图时，这条斜线可以帮助我们找到俯视图与侧视图的对应位置关系。

（4）确定三个视图

一般将配饰具有主要形态的面确定为主视图，一旦主视图得以确立，侧视图和俯视图则迎刃而解。以戒指的三视图为例，我们一般选择正对戒圈的面作为主视图。对于项链、胸针、腰带、腕表等形态相对平面的配饰，绘制三视图时，我们一般选择它们的正面作为主视图（图1-20~图1-22）。

（5）绘制

首先绘制主视图，其次绘制侧视图与俯视图。先整体再局部，确保三个视图中所有对应位置的尺寸一致。对称图形需画出中轴线，便于左右或上下图形的比对。此外，各个视图的对应位置之间需画出辅助线，用虚线或较淡、较细的线来表示。

（6）尺寸标注

尺寸线为一条两端有箭头的线条，尺寸数字一般标于尺寸线的上方，单位一般为厘米或毫米。

（7）检查

对绘制完成的视图进行检查，查看是否有错误和疏漏之处。检查无误之后，可以再次描画配饰的外轮廓线，对其予以加粗或加深，从而进一步凸显配饰的形态。

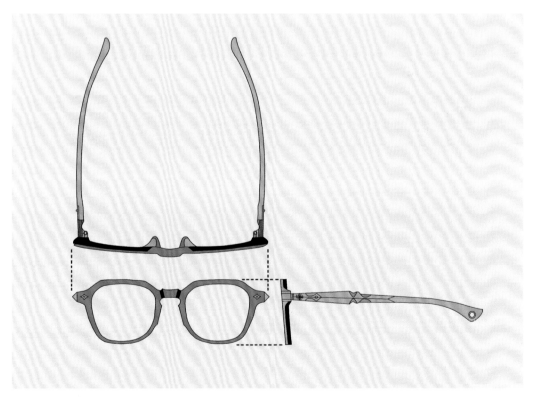

图1-20 | 眼镜设计三视图（王煜鑫绘制）

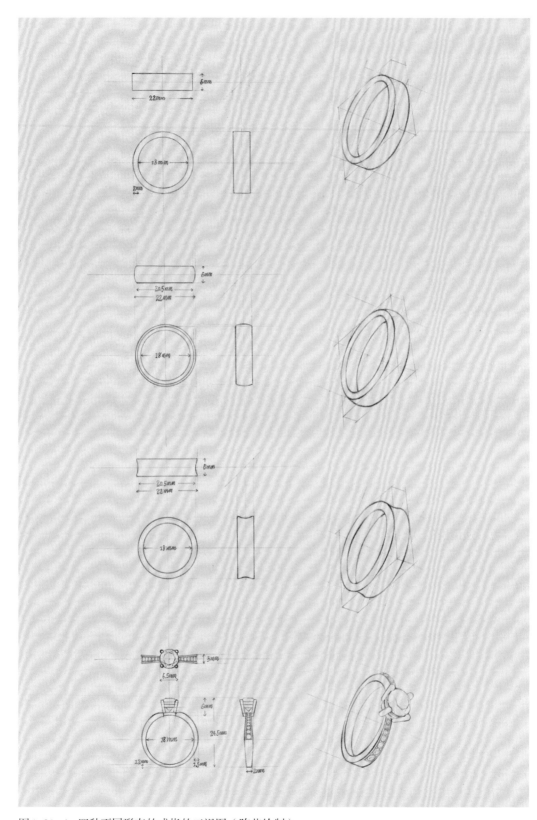

图1-21 | 四种不同形态的戒指的三视图（陈艺绘制）

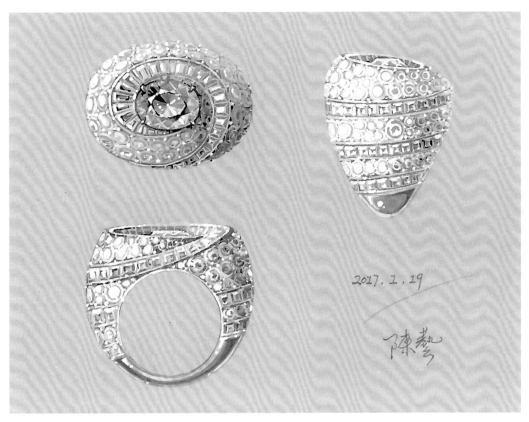

图1-22 ｜ 戒指的彩色三视图（陈艺绘制）

1.5　色彩

　　色彩是造型的重要手段之一，在表现物体的颜色、形态、表面肌理等方面，具有至关重要的作用。色彩的三要素包括色相、纯度和明度。深入了解色彩三要素的原理，对调色和配色工作会有极大的帮助。

1.5.1　色相

　　色相是色彩的首要属性，指色彩所呈现的质地与面貌。色相由原色、间色和复色构成（图1-23）。原色也称为"三原色"，指色彩中不能再分解的三种基本颜色，在色彩学中，三原色分别为红色、黄色和蓝色。间色也称为"二次色"，是由两种原色混合而成的颜色。例如，红色与黄色等量调配出橙色，红色与蓝色等量调配出紫色，黄色与蓝色等量调配出绿色等，因此，色彩学中的二次色为橙色、紫色和绿色。复色也称为"三次色"，是由三种原色按照不同的比例调配而成，也可以由原色和间色调配而成。

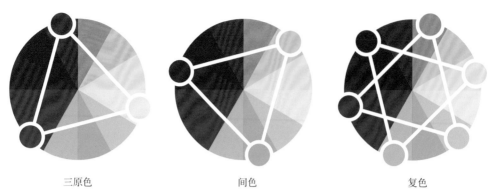

三原色　　　　　　　　　　间色　　　　　　　　　　复色

图1-23 ┃ 原色、间色和复色

1.5.2　纯度

　　纯度也称为饱和度或彩度、鲜度，指颜色的鲜艳程度。通常，原色的纯度最高，间色次之，复色最低。在原色中混入其他颜色即可降低该原色的纯度，以红色为例，如图1-24所示。

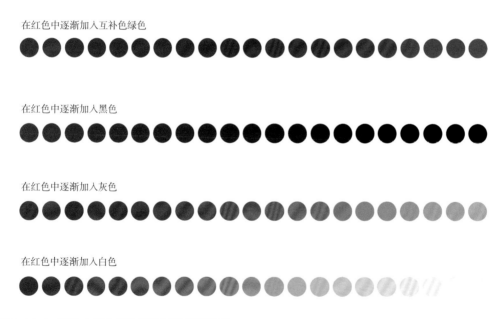

在红色中逐渐加入互补色绿色

在红色中逐渐加入黑色

在红色中逐渐加入灰色

在红色中逐渐加入白色

图1-24 ┃ 原色中混入其他颜色可降低其纯度

1.5.3　明度

　　明度又称为亮度，指色彩的明亮程度，明度越高颜色越亮，越趋近白色；明度越低颜色越暗，越趋近黑色。颜色在提升或降低明度的过程中，其纯度也会相应下降。如图1-25所示，圆圈中心的色彩明度最低，最外圈的色彩明度最高。

1.5.4 色彩的个性

每种色彩如同人一样具有个性或性格。色彩不仅有个性，而且有性别、味道、温度、软硬、形状、轻重、大小等象征意义。色彩本身是没有灵魂的，它只是一种物理现象，但人们能感受到色彩的情感，这是因为人们长期生活在一个色彩的世界中，积累了丰富的视觉经验，一旦知觉经验与外来色彩刺激发生一定的呼应，就会引发人的心理上的某种情绪。所以，每一种色彩都能引发不同的心理与情绪反应（图

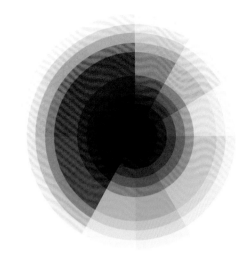

图1-25 ┃ 色彩明度图

1-26）。例如，红色会让人产生热情、活泼与热闹的感觉；蓝色会让人产生平静、智慧的感觉；黑色会让人产生封闭、稳重与肃穆的感觉等。有研究认为，色彩与人的健康也有一定的联系，绿色是一种令人感到舒适的色彩，具有镇静神经、降低眼压、缓解眼疲劳、改善肌肉运动能力等作用，所以绿色系很受人们的欢迎。

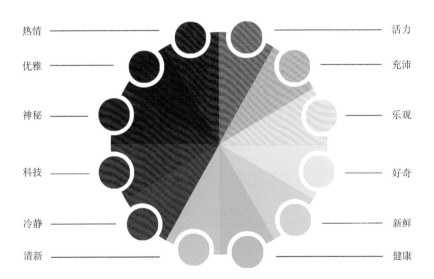

热情　　活力
优雅　　充沛
神秘　　乐观
科技　　好奇
冷静　　新鲜
清新　　健康

图1-26 ┃ 色彩引发不同的心理与情绪反应

1.什么是透视？请简述透视的基本原理以及三视图的基本画法。

2.简要叙述色彩的色相、纯度与明度的概念，并分析三者之间的关系。

3.请以一首唐诗为对象，从中提炼一组符合这首唐诗情感意趣的色彩，要求这组色彩为6种，不限色相、纯度和明度，并附文字说明。

第2章

首饰设计效果图绘制与表达

首饰发展至今，无论是设计观念、材质，还是加工技术，都得到了长足的发展，现代设计的概念已经被深深植入首饰设计与制作中。应该说，现代首饰设计是一个广义的范畴，它包括符合现代艺术、现代加工业、现代商业及社会环境需求的各种首饰造型，是现代物质文明、艺术与科学相融合的产物。

现代首饰的设计风格多种多样，其造型千变万化，力求符合现代人的审美情趣（图2-1）。现代社会文化的多样性和频繁变化，也使首饰设计经常结合多种风格和技术，这些首饰风格包括新艺术风格、装饰艺术风格、新古典主义、自然风格、概念首饰、后现代主义等。

图2-1 ｜ 现代首饰设计作品

2.1 首饰的结构

首饰的种类繁多，不同的种类具有不同的结构。如果按照装饰部位进行分类，首饰一般可分为：头饰，包括发簪、发钗、头花、发夹、步摇、插花等；耳饰，包括耳环、耳钳、耳坠、耳花等；鼻饰，包括鼻塞、鼻栓、鼻环、鼻贴、鼻钮等；手饰，包括戒指、指甲套等；臂饰，包括臂钏、手镯、手链、手铃等；颈饰，包括项链、项圈等；胸饰，包括胸针、胸花、别针等；腰饰，包括腰链、腰坠等；脚饰与腿饰，包括脚指环、脚钏、脚镯、脚链、脚铃等。

戒指一般由戒面、戒肩和戒圈三部分组成，结构较为简单。耳饰的结构较为多样，常见的是针式和夹式两种。项链可以由链身和簧扣进行简单的组合，也可以加上一个或多个坠饰进行复杂组合。一般来讲，项链的链身（或链身加簧扣）长度需根据佩戴者脖颈的粗细和佩戴方式来确定，而项链长度大于头围的一般不用簧扣，可以直接从头顶套入脖颈。此外，超长的项链可以环绕脖颈若干圈，特别是珠型串链可以很容易地通过加珠、减珠调整链长。胸饰的正面为装饰主面，背面是固定在衣服上的佩戴装置，有别针式、插针式（由针和针座组成）和揿纽式等。手镯和手链的结构一般为圆环，或者是由金属连接两个半圆环而成的圆环。手链则可以将各种形状和色彩的珠子，按照自己的设计方案，随意进行串联组合。

以戒指为例，其结构包括戒面、戒肩、戒圈、指圈、通花等部分（图2-2）。戒面一般是戒指的主石镶嵌区域，戒肩是配石的主要镶嵌区域。戒面和戒肩通常为戒指的主要装饰部位。通花是在戒指的侧面或镶口部位制作的镂空花纹，制作通花不仅可以减轻戒指整体的重量，还可以增加戒指的装饰层次。戒圈是戒指的围圈部分，它的大小由内圈即指圈来决定，指圈即手指的粗细。围底是指戒指的底部。

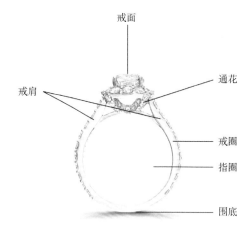

图2-2 | 戒指的结构

2.2　材质

可用于制作首饰的材料多种多样，尤其在现代首饰设计理念盛行的环境下，大量廉价的材料被用于时尚首饰的设计与制作，如铜、铁、钢、铝、塑料、树脂等。不过，市场上常见的材料还是金属与宝石，所以，这里主要介绍金属材料与宝石的绘制。

2.2.1　金属材料

制作首饰的金属材料种类较多，有贵金属与廉价金属之分。贵金属一般指纯金、K金（又名开金，是黄金与其他金属融合而成的合金，常用K金为9K、10K、14K、18K、22K等，常见颜色为白色、黄色、玫瑰金色三种）、铂合金（常见首饰用铂合金为Pt900、Pt950，即含铂90%与95%的合金）、纯银、银合金（常见首饰用银合金为S925，即含纯银92.5%的合金）。贵金属大多拥有亮丽的色泽与质感，一般环境下不易氧化变色。廉价金属在现代首饰设计中也常被应用，如青铜、黄铜、钛、铁、钢、铝等。这些金属适合表现设计师自由奔放的情感与个性。廉价金属并不代表廉价美学，如钛金属虽然价值不算太高，但因其可以通过电解着色而产生十分艳丽的表面色彩，如粉色、绿色、蓝色、紫色、黄色、青色等，所以也常被用于高级珠宝的制作。

由于首饰制作常用贵金属较多，故而对贵金属材料的准确表现显得尤为重要。我们首先来看贵金属材料的色彩表现。以纯金、925银、18K金（含白色K金、黄色K金、玫瑰K金）为例，详细介绍这些常用贵金属的一般色调及调配方法（表2-1）。

表2-1 常用贵金属色彩及其调配方法

部位	白色K金	黄色K金	玫瑰K金	纯金	925银
高光	白	白	白	白	白
亮部	群青（微量）+熟褐（微量）+白（超大量）	土黄（少量）+白（超大量）+柠檬黄（微量）	赭石（少量）+柠檬黄（微量）+白（超大量）	中黄（少量）+白（超大量）+柠檬黄（微量）	群青（微量）+熟褐（微量）+柠檬黄（超微量）+白（超大量）
中间色调	群青（微量）+熟褐（微量）+白（大量）	土黄+白	赭石+中黄（微量）+白（大量）	中黄+白	群青（微量）+熟褐（微量）+白（大量）
暗部	群青（微量）+熟褐（微量）+白（少量）	普蓝（微量）+深红（微量）+土黄	普蓝（微量）+深红（微量）+赭石	普蓝（微量）+深红（微量）+中黄	群青（微量）+熟褐（微量）+白（少量）
明暗交界线	群青+熟褐 	普蓝+深红	普蓝+深红	普蓝+深红	群青+熟褐

（1）金属素戒的绘制

在常见贵金属素戒的绘制中，金属材料的绘制需注意光源与环境光对材料的影响，掌握好色彩的对比度是体现金属质感的关键所在。

如图2-3所示，在金属素戒的绘制中，其色彩参考了表2-1中的金属材料配色，戒圈造型为常见的平滑型、圆凸型、圆凹型、尖顶型及斜边型等五种素戒造型，展现了自然光源下不同金属材料形态的绘制技法与色彩表现。

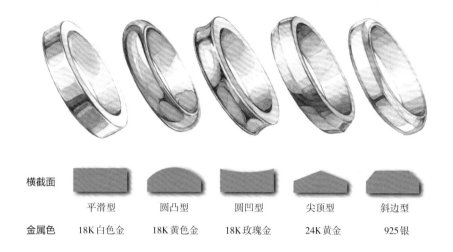

横截面				
平滑型	圆凸型	圆凹型	尖顶型	斜边型
金属色				
18K白色金	18K黄色金	18K玫瑰金	24K黄金	925银

图2-3　│　五种常见形态戒指的绘制（陈艺绘制）

（2）金属表面肌理的绘制

　　金属表面处理的方法有很多，最常用的有抛光、喷砂、拉丝、锤纹、氧化着色、氧化做旧、錾刻、腐蚀、熔铸等（图2-4）。不同的方法使金属表面呈现不同的肌理效果，而不同的表面肌理又会改变光源在金属表面的反射路径，从而形成更为复杂的质感和光影视觉效果。

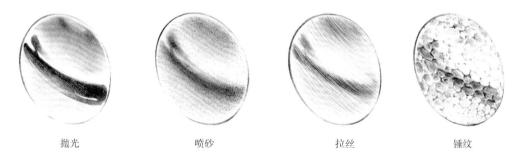

抛光　　　　　　　　喷砂　　　　　　　　拉丝　　　　　　　　锤纹

图2-4　│　常见金属表面效果的绘制（陈艺绘制）

　　在绘制金属表面处理效果时，应注意肌理产生的明暗变化，并且在暗部多画一些细节，在亮部少画一些细节，以免由于亮部画得过于丰富，大大降低其明度，从而使画面显得灰暗，失去金属材料应有的明暗强反差的质感。

2.2.2　宝石材料

（1）刻面宝石的琢型结构

　　宝石琢型也称为宝石切割，是指宝石材料经琢磨后呈现的式样，常见的宝石琢型可分为五大类：刻面琢型、弧面琢型、珠形琢型、异形琢型和雕刻宝石琢型。其中刻面琢型的应用最为广泛，也是宝石琢型设计及加工中最重要的部分。刻面琢型由许多小面按一定规则排列组合而成，呈规则对称的几何多面体。常见的刻面琢型有圆形、椭圆形、方形、长方形、心形、水滴形、榄尖形、祖母绿型等。

圆形明亮式琢型是圆形钻石的标准切割方式，能够充分展现钻石的火彩。圆形明亮式琢型画法是椭圆形、榄尖形、梨形、心形等其他形状琢型的基础。

圆形明亮式琢型的结构分为冠部、腰部和亭部三个部分。其中冠部包括1个台面、8个星刻面、8个冠部主刻面和16个上腰面；腰部环绕整个钻石一周；亭部包括16个下腰面、8个亭部主刻面和1个底面（图2-5）。

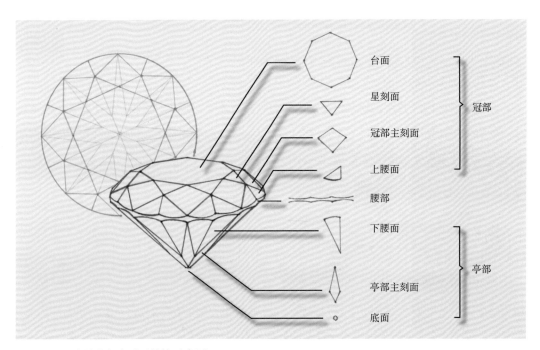

图2-5 | 圆形明亮式琢型结构示意图

（2）刻面宝石的绘制

由于刻面宝石具有诸多刻面，当光线射入宝石之后，宝石会对光线产生多种反作用，从而形成十分丰富的光影效果。下面，我们来看看光线是如何作用于宝石的，并分析光线与刻面宝石色调的关系（图2-6）。

刻面宝石的绘制包括透明刻面宝石与彩色刻面宝石的绘制。透明刻面宝石与彩色刻面宝石均包括多种琢型，如圆形、椭圆形、方形、长方形、梨形（水滴形）、心形、榄尖形等。下面以透明圆形明亮式琢型宝石为例，介绍透明宝石琢型的画法。

假定光源处于左上方，光线自左上方射入宝石内部，那么，台面左上方的两个星刻面，也就是光线直接射入的部位为最亮的地方。由于宝石是透明的，光线射入宝石内部之后，会在宝石底部的右下方产生大面积的反光。此外，光线穿透宝石后，还会在宝石的投影处产生部分反光

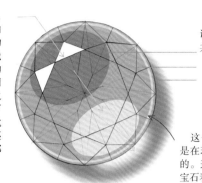

此处位于高光四周较深的色调，是在宝石底部反光与高光的共同作用下产生的暗色调
中间色调几乎遍布宝石的所有部位
此处为宝石的投影，色调较深

这个较亮的白色光环，是在环境光的影响下产生的。这个亮色光环可以让宝石看起来更加立体

图2-6 | 光线作用于宝石示意图（陈艺绘制）

透明圆形明亮式琢型宝石的绘制步骤如图2-7所示。

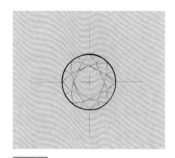

步骤1 确定圆形的位置和大小，画出外轮廓，勾出刻面线，可以直接用黑色线条将刻面线勾勒出来。

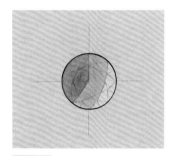

步骤2 假定光线来自左上方，从左上方至右下方，将宝石分为暗部、中间色部与亮部三个层次的色调。

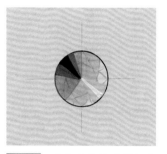

步骤3 在左上方的暗部与右下方的亮部，分别以圆心为起点，画出放射状的色块，色块的色调如图示。

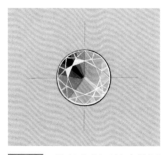

步骤4 将每个刻面的边线用白色线条勾出，左上方的两个星刻面涂白。

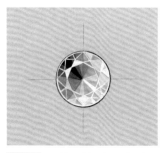

步骤5 随机选择右下方的几个冠部刻面，涂抹较亮的色调，进行提亮。

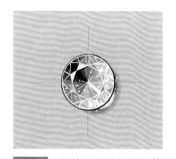

步骤6 描绘投影，提高立体感。随机点缀白色亮点，以表现出宝石火彩，也可以用彩色亮点来做点缀，但要注意色点必须明亮，且面积不可过大，颜色不可太多。

图2-7 | 透明圆形明亮式琢型宝石绘制步骤图（陈艺绘制）

彩色刻面宝石的绘制需注意以下几点：

第一，彩色刻面宝石的价值主要体现在艳丽的颜色、通透的质感、优质的切割工艺等特征上，抓住并充分表现这三个特征，就可以呈现彩色刻面宝石的美感和真实感。

第二，根据宝石的特性来决定是否需要描绘火彩。

第三，彩色刻面宝石的色调十分丰富，只有准确地把握每种宝石的冷暖色彩倾向，才能展现不同宝石的不同美感。

彩色刻面宝石的绘制步骤可参考透明刻面宝石的绘制步骤，在透明刻面宝石绘制的基础上添加色彩，展现彩色刻面宝石的特点和质感。

圆形明亮式琢型彩色刻面宝石的绘制步骤如图2-8所示。

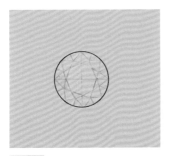

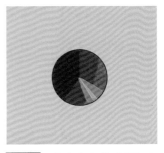

步骤1 确定圆形的位置和大小，画出外轮廓，勾出刻面线，可以直接用黑色线条将刻面线画出来。

步骤2 假定光线来自左上方，从左上方至右下方，将宝石分为暗部、中间色部与亮部三个层次的色调。因此三层色调从暗到亮依次为暗红、正红与水红。

步骤3 在左上方的暗部与右下方的亮部，分别以圆心为起点，画出放射状的色块，色块的色调如图示。

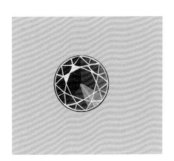

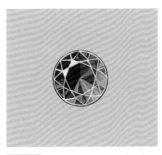

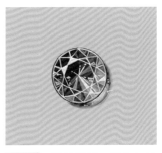

步骤4 将每个刻面的边线用白色线条勾出，左上方的两个星刻面涂白。

步骤5 随机选择右下方的几个冠部刻面，涂抹较亮的色调，进行提亮。提亮时注意不要一次性涂白，要在红色中逐渐加入白色。

步骤6 描绘投影，提高立体感。随机点缀白色亮点，以表现出宝石火彩，也可以用彩色亮点来做点缀，但要注意色点必须明亮，且面积不可过大，颜色不可太多。

图2-8 | 圆形明亮式琢型彩色刻面宝石绘制步骤图（陈艺绘制）

　　椭圆形琢型彩色刻面宝石的绘制步骤如图2-9所示（文字从略，可参考圆形明亮式琢型彩色刻面宝石绘制步骤的文字）。

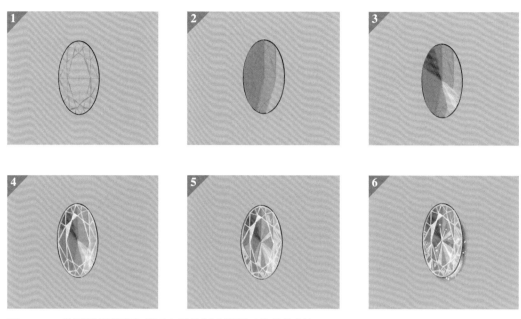

图2-9 ｜ 椭圆形琢型彩色刻面宝石绘制步骤图（陈艺绘制）

　　榄尖形琢型彩色刻面宝石的绘制步骤如图2-10所示（文字从略，可参考圆形明亮式琢型彩色刻面宝石绘制步骤的文字）。

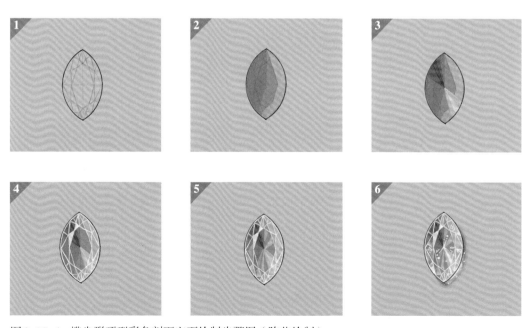

图2-10 ｜ 榄尖形琢型彩色刻面宝石绘制步骤图（陈艺绘制）

　　梨形琢型彩色刻面宝石的绘制步骤如图2-11所示（文字从略，可参考圆形明亮式琢型彩色刻面宝石绘制步骤的文字）。

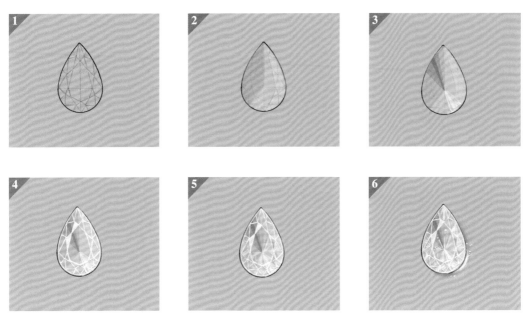

图2-11 ｜ 梨形琢型彩色刻面宝石绘制步骤图（陈艺绘制）

　　祖母绿型琢型彩色刻面宝石的绘制步骤如图2-12所示（文字从略，可参考圆形明亮式琢型彩色刻面宝石绘制步骤的文字）。

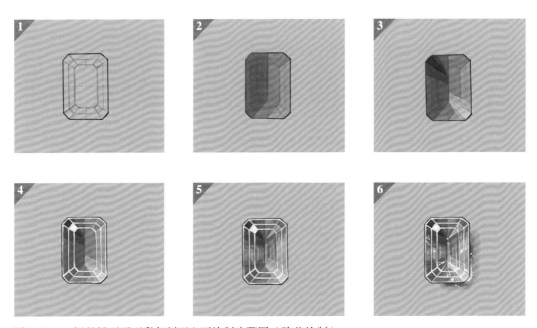

图2-12 ｜ 祖母绿型琢型彩色刻面宝石绘制步骤图（陈艺绘制）

心形琢型彩色刻面宝石的绘制步骤如图2-13所示（文字从略，可参考圆形明亮式琢型彩色刻面宝石绘制步骤的文字）。

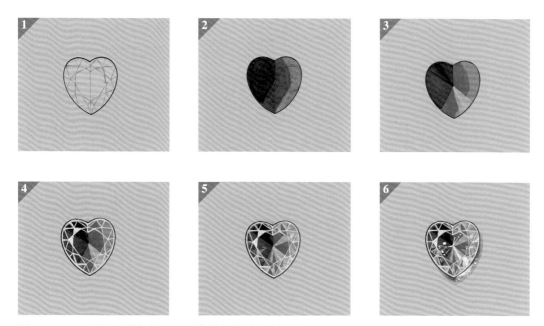

图2-13 ┃ 心形琢型彩色刻面宝石绘制步骤图（陈艺绘制）

（3）弧面宝石的绘制

弧面宝石的造型相对简单，其表面为弧面，基本类型有单凸型、双凸型、凸凹型和圆珠状。从宝石腰面的形态来分，弧面宝石又可分为圆形、椭圆形、水滴形、心形、榄尖形、异形等。弧面宝石有透明、半透明和不透明的质地之分，下面，我们以透明和不透明的弧面宝石为例，来看看光线是如何作用于弧面宝石的，并分析光线与弧面宝石色调的关系。

当不透明弧面宝石受到光源照射时，宝石的表面会形成一定的光反射，并产生受光部与背光部的明暗关系。当透明弧面宝石受到光源照射时，光源沿直线方向照射并穿透宝石表面至底部，在此过程中，光线在宝石内部产生复杂的光影效果。不论光源为何种类型，都不会影响宝石的立体感与质感。但需要注意的是，在同一幅手绘作品中，需保证每个弧面宝石都具有相同的高光形状与方位（图2-14）。

如图2-15所示，当光源从左上方照射不透明弧面宝石时，高光位于左上角，受光部位于宝石左上部，背光部位于宝石右下部，受光部与背光部的交界为明暗交界线。

如图2-16所示，当光源从左上方照射透明弧面宝石时，高光位于左上角。由于宝石透明，光线穿越宝石至右下方底部时，产生大面积的反光。此外，投影处也产生部分反光。

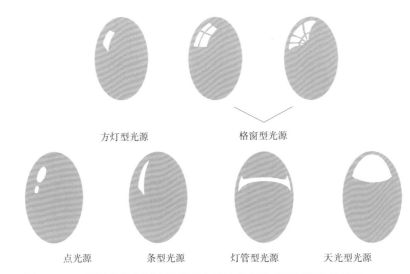

方灯型光源　　　　格窗型光源

点光源　　　条型光源　　　灯管型光源　　　天光型光源

图2-14 ｜ 不同光源在不透明弧面宝石的表面形成不同形状的高光

亮调
中间色调
暗调
投影

近宝石边缘处受环
境影响产生反光

暗调
中间色调
投影

近宝石边缘处受
环境影响产生反光

图2-15 ｜ 不透明弧面宝石的明暗关系　　　　图2-16 ｜ 透明弧面宝石的明暗关系

以椭圆形弧面不透明无色宝石为例，绘制步骤如图2-17所示。

以椭圆形弧面透明无色宝石为例，绘制步骤如图2-18所示。

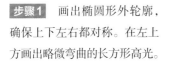 画出椭圆形外轮廓，确保上下左右都对称。在左上方画出略微弯曲的长方形高光。

步骤2 在椭圆形内薄涂浅灰色，注意高光处留白。

步骤3 将背光部的色调加深，交代明暗关系。

步骤4 将明暗交界线的色调加深。

步骤5 将边缘处的反光提亮，但不能过亮，以防失真。在右上方加一个反光的高光，以增强立体感。边缘内侧点缀一些星光，增加宝石的灵动感。高光涂白提亮。

步骤6 在宝石的右下方绘制投影，由实到虚，使宝石的立体感更加突出。

图2-17 | 椭圆形弧面不透明无色宝石绘制步骤图（陈艺绘制）

步骤1 画出椭圆形外轮廓，确保上下左右都对称。在左上方画出略微弯曲的长方形高光，右下方留出内部大面积反光位置。

步骤2 在椭圆形内薄涂浅灰色，注意高光处和内部反光处留白。高光的白色要画得硬实，内部反光处的白色要弱化处理。

步骤3 将暗部的色调加深，交代明暗关系。

步骤4 将明暗交界线的色调加深。

步骤5 将边缘处的反光提亮，但注意不能过亮，以防失真。在右上方加一个反光的高光，以增强立体感。边缘内侧点缀一些星光，增加宝石的灵动感。高光涂白提亮。

步骤6 在宝石的右下方绘制投影，由实到虚，使宝石的立体感更加突出。在右下方靠近宝石处画亮斑，可以更好地表现光线穿越宝石的效果。

图2-18 | 椭圆形弧面透明无色宝石绘制步骤图（陈艺绘制）

透明弧面星光蓝宝石的绘制步骤如图2-19所示（文字从略，可参考椭圆形弧面透明无色宝石绘制步骤的文字）。

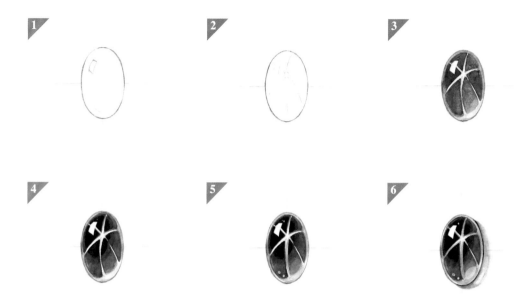

图2-19 | 透明弧面星光蓝宝石绘制步骤图（陈艺绘制）

弧面金绿猫眼石的绘制步骤如图2-20所示（文字从略，可参考椭圆形弧面透明无色宝石绘制步骤的文字）。

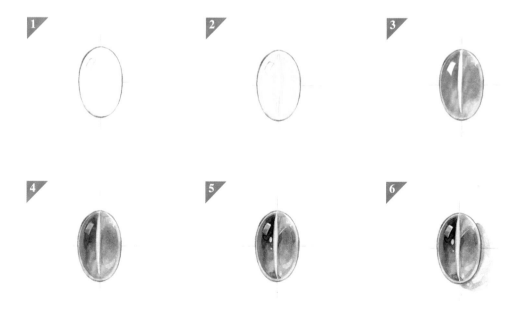

图2-20 | 弧面金绿猫眼石绘制步骤图（陈艺绘制）

弧面黑欧泊的绘制步骤如图2-21所示（文字从略，可参考椭圆形弧面透明无色宝石绘制步骤的文字）。

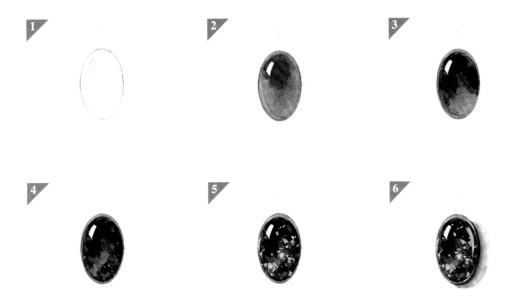

图2-21 ｜ 弧面黑欧泊绘制步骤图（陈艺绘制）

弧面白欧泊的绘制步骤如图2-22所示（文字从略，可参考椭圆形弧面透明无色宝石绘制步骤的文字）。

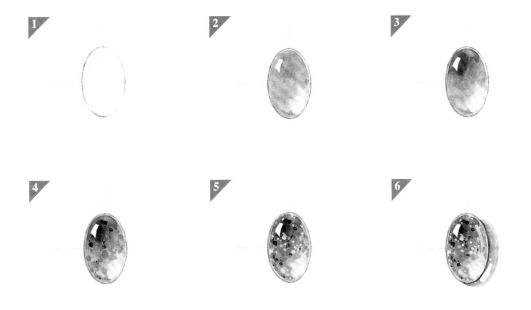

图2 22 ｜ 弧面白欧泊绘制步骤图（陈艺绘制）

弧面青金石的绘制步骤如图2-23所示（文字从略，可参考椭圆形弧面透明无色宝石绘制步骤的文字）。

图2-23 ┃ 弧面青金石绘制步骤图（陈艺绘制）

弧面绿松石的绘制步骤如图2-24所示（文字从略，可参考椭圆形弧面透明无色宝石绘制步骤的文字）。

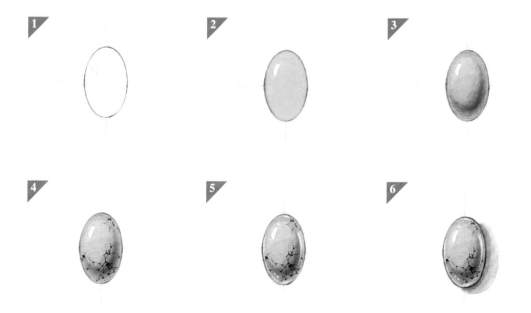

图2-24 ┃ 弧面绿松石绘制步骤图（陈艺绘制）

弧面孔雀石的绘制步骤如图2-25所示（文字从略，可参考椭圆形弧面透明无色宝石绘制步骤的文字）。

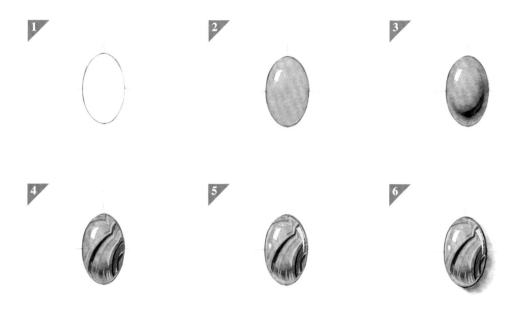

图2-25　｜　弧面孔雀石绘制步骤图（陈艺绘制）

（4）珍珠的绘制

珍珠是一种有机宝石，主要产于珍珠贝类和珠母贝类软体动物体内。珍珠为贝类因内分泌作用而生成的含碳酸钙的矿物珠粒，种类丰富，形状各异，色彩较为斑斓。

珍珠的明暗关系如图2-26所示。

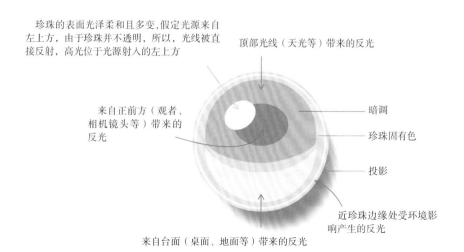

图2-26　｜　珍珠的明暗关系

白色珍珠的绘制步骤如图2-27所示。

步骤1 画出圆形外轮廓，标出左上方高光的位置。

步骤2 高光处留白，其他部分用粉色均匀铺底。此处选用粉色意在表示白珍珠的粉色伴色，如果是画偏冷色调的白珍珠，也可以选用其他伴色。铺底时要薄涂，颜料过厚会影响后续的绘制步骤。

步骤3 用冷灰色描绘顶部的反光，注意颜料要薄涂。

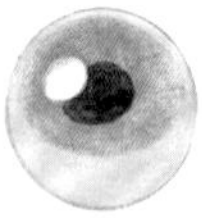

步骤4 在高光的右下角涂一圈深冷灰色，增强对比感。

步骤5 在珍珠下部涂一层亮色，表示来自台面的反光。这层颜色要比铺底粉色的明度高一些，但不能亮过高光。

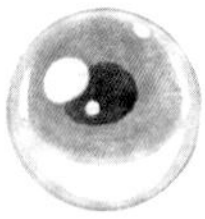

步骤6 在邻近边缘处及高光附近点缀光斑，表示周围环境带来的光影响。

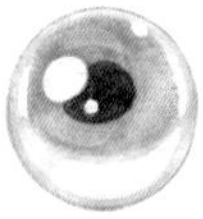

步骤7 在冷灰色铺底的内部描绘一些细微的明暗变化。

步骤8 晕染高光与暗部色块的边缘，使之变得柔和，这样会增强珍珠的丝滑质感。

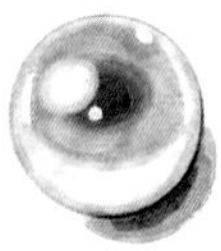

步骤9 描绘投影，增强立体感。

图2-27 | 白色珍珠绘制步骤图（陈艺绘制）

大溪地黑珍珠的绘制步骤如图2-28所示（文字从略，可参考白色珍珠绘制步骤的文字）。

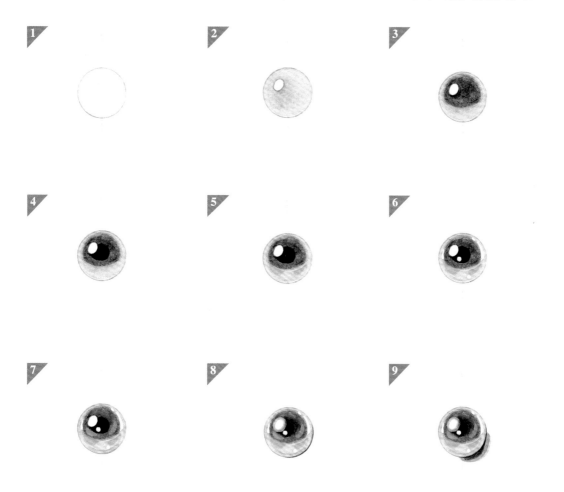

图2-28 | 大溪地黑珍珠绘制步骤图（陈艺绘制）

南洋金珍珠的绘制步骤如图2-29所示（文字从略，可参考白色珍珠绘制步骤的文字）。

图2-29

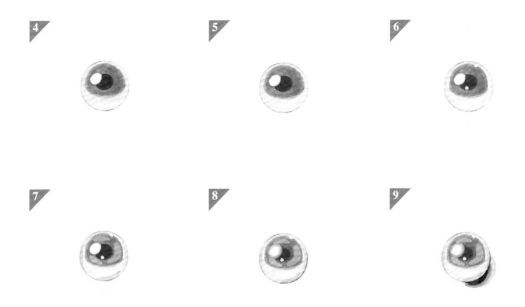

图2-29 丨 南洋金珍珠绘制步骤图（陈艺绘制）

2.3   创意设计

首饰为何令人心驰神往与爱不释手？除了其材料价值与工艺价值外，最主要的一定是它的形式美，而形式美的两个主要因素就是造型与色彩。传统首饰大多以贵金属及彩色宝石为主要制作材料，其色彩信息很容易被捕捉，因此，色彩搭配在首饰创意设计中占有极其重要的位置。

色彩信息能够通过感官第一时间传送到我们的脑海中，从而使我们获得生理与心理的感知。从色彩心理学的角度来讲，色彩可以引发冷与暖、软与硬、轻与重、远与近、平滑与尖锐、膨胀与收缩、激进与内敛、欢快与忧郁等心理暗示，并引起相应的情绪波动。

首饰的色彩主要通过制作材料的色彩得以呈现，在多数情况下，首饰材料由金属和宝石组成，故而，金属和宝石的颜色就成为首饰的主色调（图2-30）。此外，还有一些非金属材料与有机材料的色彩，也会影响首饰的总体色彩布局。

2.3.1   宝石的色调

宝石的色调非常丰富，概括如下。

（1）红色调

常见红色调宝石有红钻、粉钻、红宝石、红色尖晶石、粉色蓝宝石、石榴石、红碧玺、摩根石、芙蓉石、红玛瑙、红翡翠、红珊瑚、海螺珠等。在红色调中，注意偏暖的橙红色调及偏冷的紫红色调，以及在高明度的粉色系中，偏暖的橘粉色调及偏冷的紫粉色调的区分和把握。此外，绘图时还需注意宝石由于自身特性所展现出来的不同光泽和质感。

图 2-30　｜　创意首饰设计图（袁春然绘制）

（2）黄色调

　　常见黄色调宝石有黄钻、黄色蓝宝石、金绿宝石、金丝雀碧玺、黄水晶、芬达石、金绿柱石、黄翡翠、橘色蓝宝石、金珍珠、帝王托帕石等。在黄色调宝石中，注意偏暖的橙黄色调及偏冷的黄绿色调的区分和把握。绘图时，注意宝石由于自身特性所展现出来的不同光泽和质感。

（3）紫色调

　　常见紫色调宝石有紫钻、紫色蓝宝石、紫色尖晶石、紫锂辉石、碧玺、石榴石、紫翡翠、紫水晶、舒俱来、查罗石、紫珍珠等。在紫色调宝石中，注意偏暖的紫红色调及偏冷的蓝紫色调的区分和把握。绘图时，注意宝石由于自身特性所展现出来的不同光泽和质感。

（4）绿色调

　　常见绿色调宝石有绿钻、祖母绿、莎弗莱、翠榴石、绿色蓝宝石、碧玺、橄榄石、锂辉石、翡翠、和田玉、玉髓、孔雀石、绿松石、葡萄石等。在绿色调宝石中，注意偏暖的黄绿色调及偏冷的蓝绿色调的区分和把握。绘图时，注意宝石由于自身特性所展现出来的不同光泽和质感。

（5）蓝色调

　　常见蓝色调宝石有蓝钻、蓝宝石、尖晶石、坦桑石、碧玺、海蓝宝石、托帕石、堇青石、磷灰石、青金石、绿松石、欧泊等。在蓝色调宝石中，注意偏暖的蓝紫色调及偏冷的蓝绿色调的区分和把握。绘图时，注意宝石由于自身特性所展现出来的不同光泽和质感。

（6）白色调

　　常见白色调宝石有钻石、白色蓝宝石、托帕石、水晶、月光石、蛋白石、翡翠、和田玉、珍珠、玛瑙、砗磲等。在白色调宝石中，注意偏暖的奶白色调及偏冷的青白色调的区分和把握。绘图时，注意宝石由于自身特性所展现出来的不同光泽和质感。

（7）黑色调

常见黑色调宝石有黑钻、黑尖晶石、碧玺、水晶、黑曜石、黑玛瑙、墨翠、墨玉、黑珍珠等。在黑色调宝石中，注意偏暖的暖灰色调及偏冷的冷灰色调的区分和把握。绘图时，注意宝石由于自身特性所展现出来的不同光泽和质感。

2.3.2　色彩搭配

首饰色彩搭配的主要方法有五种：色相对比、纯度对比、明度对比、面积对比与形状对比。

（1）色相对比

在首饰设计中，经常运用不同色相形成色彩的对比，色相差异越大，这种对比越强烈。常见的色相对比法有同一色对比、同类色对比、邻近色对比、类似色对比、对比色对比、互补色对比、分裂互补色对比等。

（2）纯度对比

纯度间的差别形成的色彩对比可以派生不同的色彩性格。例如，不同的高纯度颜色靠近时，会产生强烈的冲突感，形成跳动而扩张的性格。而低纯度颜色间的对比，则更易产生柔和且稳重的色彩感觉，形成静谧的色彩性格，使视觉心理较为舒适和放松。常见的纯度对比法有高纯度强对比、高纯度弱对比、低纯度强对比、低纯度弱对比、高低纯度强对比、高低纯度弱对比等。

（3）明度对比

明度对比是色彩的明暗程度的对比，也称为色彩的黑白度对比、明暗对比。常见的明度对比法有高明度弱对比、高明度中对比、高明度强对比、中明度弱对比、中明度中对比、中明度强对比、低明度弱对比、低明度中对比和低明度强对比。

（4）面积对比

颜色面积的大小占比变化会直接影响视觉的感受，一般来讲，大面积的色块往往会成为视觉中心，而在面积相同的情况下，高纯度、高明度的颜色更容易成为视觉中心。鲜艳的颜色带给人扩张的心理感受，暗淡的颜色则带给人收敛的心理感受。所以，我们可以通过调整色块面积大小来调整画面的平衡。此外，调整色块面积大小还可以改变画面的层次感和节奏感，以及缓解色彩之间的冲突感。

（5）形状对比

色彩总是以一定的形状出现在物体中，形状的大与小、多与寡，以及形与形之间的位置关系，都会对设计产生影响。特定的形状会在视觉上带来不同的心理感受，如圆形给人带来圆满的感受、三角形带来尖锐感、正方形带来稳定感、扇形带来华丽感等。

2.3.3　宝石的镶嵌

宝石镶嵌工艺是珠宝首饰设计与制作中非常重要的一环，其种类繁多。如何在众多镶嵌法中选择合适的镶嵌工艺融入设计中，不仅考验我们对珠宝首饰制作流程的了解程度，也考验我们能否将工艺与美完美地融合，从而实现首饰创意设计的突破。

宝石镶嵌工艺可分为爪镶、包镶、迫镶、闷镶、微镶、针镶等。

（1）爪镶

爪镶是最常用的镶嵌方法。爪镶使用金属爪围绕宝石，在镶口内侧开槽，将宝石落在槽内后，使金属爪向宝石中心位置弯折，从而达到固定宝石的目的。爪镶的优势在于用料少、较轻便，能最大限度暴露宝石。金属爪的数量一般至少为二爪，常见的金属爪的数量有三爪、四爪、六爪和八爪等。四爪镶嵌最为简洁与稳固，因此最为常用。镶爪的形状也较为多样，最常见的为圆爪，即镶爪的横截面为圆形，此外还有鹰爪、包爪、方爪、心形爪等（图2-31）。

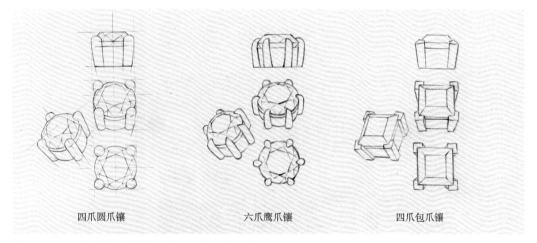

四爪圆爪镶　　　　　　六爪鹰爪镶　　　　　　四爪包爪镶

图2-31 ┃ 不同的镶爪数量和镶爪形状（陈艺绘制）

在使用连排爪镶时，可以使相邻两颗宝石使用共同的镶爪，这种镶嵌方式称为共爪镶（图2-32）。共爪镶的镶爪的直径不能过粗，否则会影响美观，过细又会影响镶嵌的牢固度，因此，镶爪的直径应以中等为宜，其技术难度相较于普通的爪镶略高。

（2）包镶

包镶是最为古老的镶嵌方法之一，其操作方法为：使用金属镶边包围宝石，将金属镶边向宝石中心位置敲弯，直至完全盖住宝石的腰棱，从而达到固定宝石的目的。包镶多用于弧面宝石的镶嵌，其优势在于宝石的镶嵌十分稳固，造型简洁大气，视觉上有放大宝石的效果。此外，佩戴包镶首饰时，镶边不会刮蹭衣物。包镶常用于主石（首饰中颗粒最大的、处于视觉中心的宝石）的镶嵌，而配石（首饰中围绕主石的、起搭配作用的小宝石）一般不会采用包镶工艺进行镶嵌。

使用包镶技法时，由于需要通过金属包边挤压宝石外围来固定宝石，因此，包镶的宝石不宜过小，否则，会造成视觉上的比例失调（图2-33、图2-34）。

（3）迫镶

迫镶是最为自由的镶嵌方法之一。迫

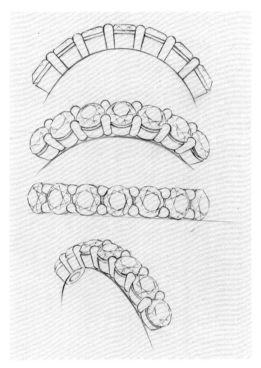

图2-32 ⏐ 连排共爪镶示意图（陈艺绘制）

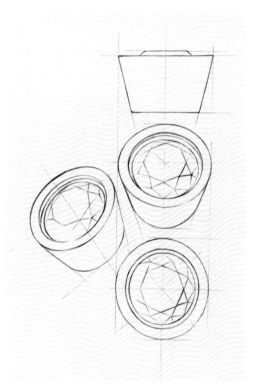

图2-33 ⏐ 包镶结构图（陈艺绘制）

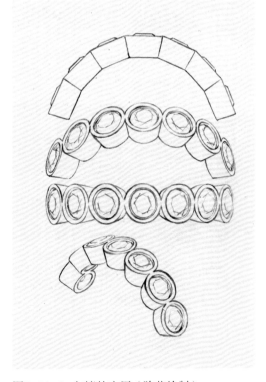

图2-34 ⏐ 包镶的应用（陈艺绘制）

镶又称为轨道镶、夹镶、逼镶或槽镶，是利用两条对应位置开有浅槽的金属条带，夹住一排宝石腰部的线状镶嵌方法。迫镶的外观线条流畅，宝石的分布整洁美观，现代感十足。迫镶的优势在于造型自由多样，可用于具有个性色彩的首饰设计。

迫镶常用于镶嵌尺寸较大的主石，但也同样适用于镶嵌颗粒较小的配石。在运用轨道式迫镶时，一般选择圆形、方形或长方形的刻面宝石。精湛的迫镶工艺可以使宝石呈现悬浮的视觉效果，最大限度地展现其美丽的外观，但是如果工艺运用不到位，宝石就会有脱落的风险（图2-35、图2-36）。

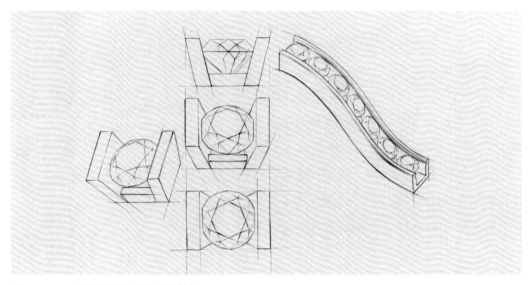

图2-35 ｜ 迫镶结构图（陈艺绘制）

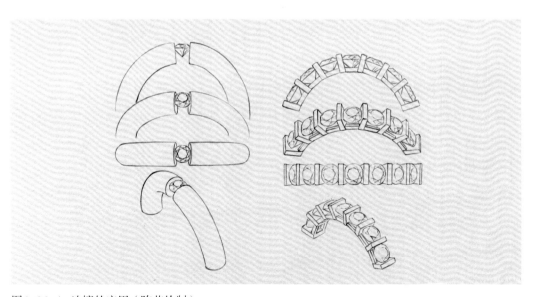

图2-36 ｜ 迫镶的应用（陈艺绘制）

（4）闷镶

闷镶是操作较为简便且快速的镶嵌方法，其具体镶嵌方法为：在有一定厚度的金属表面开圆形石位，将宝石放入石位中，通过敲击或挤压宝石周边的金属，使周边的金属挤压宝石的腰棱，从而达到固定宝石的目的。从工艺方法来看，闷镶的镶嵌类似于包镶。闷镶而成的宝石位于圆形石位中，宝石外围被下陷的金属环边压紧，光照下的金属环边犹如一个光环，因此，闷镶又名光环镶。

闷镶的优势在于工艺难度不高且操作简便快速，外观十分简洁。闷镶一般适用于圆形小颗粒宝石的镶嵌，且要求用于镶嵌的金属必须有足够的厚度，否则，较薄的金属会露出宝石的底尖，造成镶嵌失败（图2-37、图2-38）。

（5）微镶

微镶是一种比较时尚的镶嵌方法，顾名思义，就是微小的镶嵌，所以，微镶工艺操作需借助显微镜来完成。微镶主要用于细小宝石的镶嵌，由于操作流程不同，分为虎口镶、共齿镶、雪花镶、起钉镶、铲边镶等种类。

微镶的优势在于适合大量的小宝石的镶嵌，可使小宝石的排列十分密集，产生璀璨夺目的视觉效果（图2-39、图2-40）。

（6）针镶

针镶又称为插镶，主要用于镶嵌珍

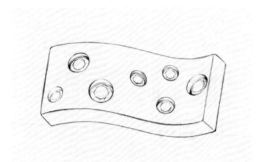

图2-37 ｜ 闷镶结构图（陈艺绘制）

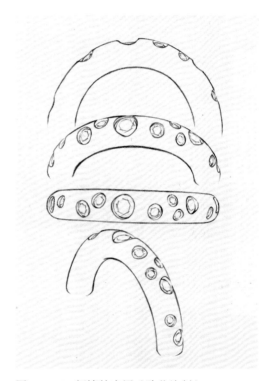

图2-38 ｜ 闷镶的应用（陈艺绘制）

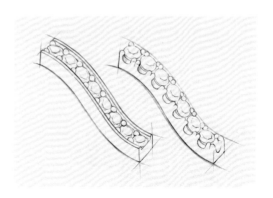

图2-39 ｜ 微镶结构图（陈艺绘制）

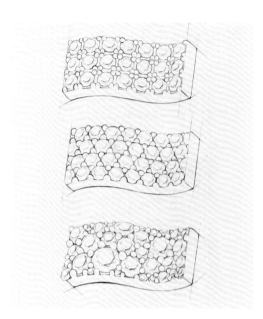

图2-40 ｜ 微镶的应用（陈艺绘制）

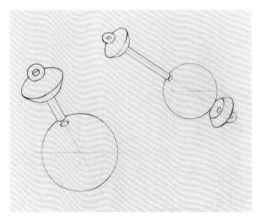

图2-41 ｜ 半孔针镶（左）和全孔针镶（右）结构图（陈艺绘制）

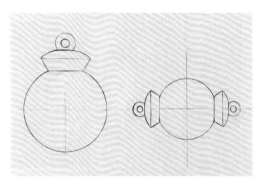

图2-42 ｜ 半孔针镶（左）和全孔针镶（右）的应用（陈艺绘制）

珠及有孔的宝石。针镶分为半孔针镶和全孔针镶两种。半孔针镶的具体操作方法为：在金属托上焊接一根金属针，在针上涂抹万能胶。然后将宝石打孔，但孔并不贯穿宝石，把金属托上的金属针插入宝石的孔内，胶体干燥之后，宝石就会被固定。全孔针镶的具体操作方法与半孔针镶类似，不同之处在于给宝石打的孔是贯穿孔。

针镶的优势在于能最大限度地展现宝石的外观。此外，针镶也比较适合镶嵌硬度不高、形状不规则的宝石（图2-41、图2-42）。

2.4　设计草图

设计草图一般有单色和彩色之分。单色草图相当于素描，而素描是造型艺术的基础，练习素描可以增强手眼协调能力和精细的控笔能力。在单色素描练习的过程中，不仅能够提升我们对空间结构的理解，还能增强我们对形体的塑造能力。同时，由于审美水平不断提高，笔下描绘出来的线条会越来越精确。初学单色素描者往往难以准确而充分地表达物体的形态，但经过不断练习，我们对单色素描表现技法的把控就会变得游刃有余。

我们可以把物体的形态理解成各种立方几何体，那么，对立方几何体的素描表现就显得尤为重要。掌握各种立方几何体的素描造型技巧，有助于我们化繁复为简单，快速在脑子里建构物体的立体结构（图2-43）。

图2-43 ｜ 立方几何体单色素描表现图（陈艺绘制）

素描同样有助于设计之前的灵感整理和素材收集工作，许多在脑海里一闪而过的灵感或想法，都可以运用单色素描的手法快速记录下来。此外，在推敲配饰设计的形体、比例、动态、量感、质感、明暗、结构、空间与构图关系时，甚至在设计思维的发散过程中，素描都是不可或缺的表达手段。

单色素描主要通过明暗调子来表达立体感和光影效果，而不同材料对光线的反射作用千差万别。例如，金属材料对光源的反射力较强，其表面的黑白色调的反差就会比较大；宝石因为透明度的不同以及光学效应的差异，

图2-44 ｜ 单色首饰设计草图（陈艺绘制）

从而呈现复杂的光影变化形态（图2-44）。所以，只有在充分了解各类材料特性的前提下，我们才能运用相应的素描表现手法，来塑造物体的立体感和材料的质感。

在素描的练习中，我们需要不断增强对线条美感的表现能力，如尽量把线条画得流畅而匀称，尽量使线条的排列具有秩序感。事实上，练习素描的过程也是美感提升的过程，通过坚持不懈的素描练习，对形态、比例、构图的感受力会变得越来越敏锐，画面的美感也会大幅提升（图2-45~图2-47）。

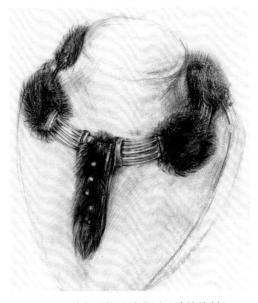

图2-45 | 单色项饰设计草图（陈婷绘制）

图2-46 | 单色手镯、项圈设计草图（梁晓晴绘制）

图2-47 | 单色戒指设计图（陈艺绘制）

彩色草图在记录色彩、材料质感、整体视觉效果等方面具有优势（图2-48、图2-49）。我们可以在单色草图的基础上施以色彩，从而记录相应的色彩信息，以便观察首饰的材料质感与整体色彩效果。

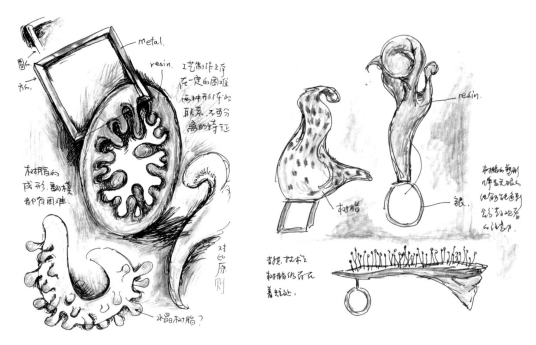

图2-48 | 彩色首饰设计草图1（胡俊绘制）　　图2-49 | 彩色首饰设计草图2（胡俊绘制）

2.5　效果图绘制

　　首饰的外观效果图应绘制得较为正式，需要全面展现首饰的整体造型、外部结构、比例关系、材料质感、色彩配置等，局部零件细节也要清楚地表达出来。相对来说，效果图用于表现已经定型的设计作品，所以，首饰各个部件的形态、材质与色彩都应该表现完整和准确。

　　首饰效果图的绘制步骤一般为：勾勒外轮廓、勾勒外部结构、描绘部件、描绘明暗关系、整体着色等。

2.5.1　耳饰效果图绘制（图2-50）

步骤1　用横线和纵线确定耳饰的位置及尺寸，用简洁的线条勾勒耳饰大致的外轮廓。

步骤2　进一步勾勒主石和金属结构的轮廓。

步骤3 根据镶嵌工艺原理勾勒出镶嵌宝石的细节，并画出主石的切割线。

步骤4 擦除辅助线，在金属材料部位平铺一层淡黄色，作为金属的底色。

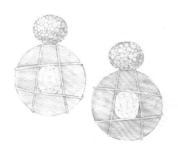

步骤5 给宝石和珐琅平铺一层底色，注意这层底色要画得轻薄透亮。通过在颜料中加水的方法，控制颜色的浓淡，来表现玉石花纹的微妙变化。

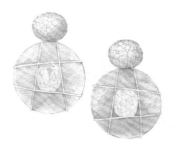

步骤6 进一步描绘宝石及玉石部分的中间色调，注意颜色的变化，保持宝石颜色有较高的饱和度。同时，初步利用光影色调来表现耳饰的整体结构关系。

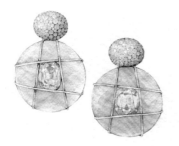

步骤7 加深暗部的色调，表现出明暗效果。勾勒耳饰的边缘线，注意落笔的轻重节奏，避免用同样粗细与深浅的线条一勾到底，以防造成立体感和生动感缺失的情况。

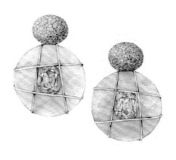

步骤8 调整耳饰的整体色调，进一步深化细节，突出宝石的质感，提高宝石颜色的饱和度。

图2-50

步骤9 使用少量的黑色刻画最暗处，以提高画面的明暗对比度。注意，黑色不可使用过多，以免造成画面的灰暗感。

步骤10 用白色提亮高光，在宝石的适当位置用交叉线绘制六芒星光，可以让宝石看起来更加闪亮灵动，完成耳饰效果图的绘制。

图2-50 | 耳饰效果图绘制步骤（陈艺绘制）

2.5.2 胸针效果图绘制（图2-51）

步骤1 用横线和纵线确定胸针的位置及尺寸，用简洁的线条勾勒胸针大致的轮廓。

步骤2 进一步勾勒主石、透光珐琅和金属结构的轮廓。

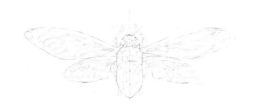 

步骤3 按照相关工艺要求，勾画出宝石镶嵌与透光珐琅的形态细节，画出主石的切割线，完成线稿的勾勒。

步骤4 擦除辅助线，在金属材料部位平铺一层淡黄色，作为金属的底色。

步骤5　给宝石和珐琅平铺一层底色，注意这层底色要画得轻薄透亮。

步骤6　进一步描绘宝石及珐琅的中间色调，注意颜色的变化以及保持宝石及珐琅颜色的饱和度。

步骤7　加深暗部的色调，表现出明暗效果。勾勒胸针的边缘线，注意落笔的轻重节奏，避免用同样粗细与深浅的线条一勾到底，以防造成立体感和生动感缺失的情况。

步骤8　调整整体色调，深化细节，突出宝石与珐琅的质感，提高其饱和度。

步骤9　使用少量的黑色刻画最暗处，以提高画面的明暗对比度。注意，黑色不可使用过多，以免造成画面的灰暗感。

步骤10　用白色提亮高光，在宝石的适当位置用交叉线绘制六芒星光，可以让宝石看起来更加闪亮灵动，从而完成胸针效果图的绘制。

图2-51　|　胸针效果图绘制步骤（陈艺绘制）

2.5.3　戒指效果图绘制（图2-52）

步骤1　用横线和纵线确定戒指的位置及尺寸，用简洁的线条勾勒戒指大致的轮廓。注意，绘制戒指时，准确的透视关系尤为重要。

步骤2　进一步勾勒主石、青蛙造型和金属结构的轮廓。

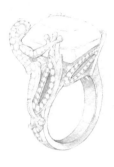

步骤3　按照相关工艺要求，勾画出宝石的形态细节，画出主石与配石的切割线，完成线稿的勾勒。

步骤4　擦除辅助线，在金属材料部位平铺一层淡黄色和淡灰色，作为黄金和铂金的底色。在凹陷处与阴影处平涂一层深色调，表现结构关系。

步骤5　用绿色描绘宝石的底色，注意这层底色要画得轻薄、透亮。

步骤6　进一步描绘宝石的中间色调，注意颜色的变化以及保持宝石颜色的饱和度。

步骤7　加深暗部的色调，表现出明暗效果。勾勒戒指的边缘线，注意落笔的轻重节奏，避免用同样粗细与深浅的线条一勾到底，以防造成立体感和生动感缺失的情况。

步骤8　调整整体色调，深化细节，突出宝石与金属的质感，提高其饱和度。

步骤9　使用少量的黑色刻画最暗处，以提高画面的明暗对比度。注意，黑色不可使用过多，以免造成画面的灰暗感。

步骤10　用白色提亮高光，在宝石的适当位置用交叉线绘制六芒星光，可以让宝石看起来更加闪亮灵动，完成戒指效果图的绘制。

图2-52　|　戒指效果图绘制步骤

2.5.4 项链效果图绘制（图2-53）

步骤1 用横线和纵线确定项链的位置及尺寸，用简洁的线条勾勒项链大致的轮廓。绘制项链时，注意两侧要对称。

步骤2 进一步勾勒宝石和金属结构的轮廓。

步骤3 按照相关工艺要求，勾画出主石和配石的形态细节，画出南瓜形配石的雕刻线，完成线稿的勾勒。

步骤4 擦除辅助线，在金属材料部位平铺一层淡灰色，作为金属的底色。在凹陷处与阴影处，平涂一层深色调，表现结构关系。

步骤5 用淡红色和蓝绿色描绘宝石的底色，注意这层底色要画得轻薄、透亮。

步骤6 在底色的基础上进一步描画宝石的中间色调，注意颜色的变化，保持宝石颜色的饱和度。在项链的后端与尾端保留部分底色，这样可以在视觉上形成主次与前后层次关系。

步骤7 加深暗部的色调，表现出明暗效果。勾勒项链的边缘线，注意落笔的轻重节奏，避免用同样粗细与深浅的线条一勾到底，以防造成立体感和生动感缺失的情况。

步骤8 调整整体色调，深化细节，突出宝石与金属的质感，提高其饱和度。

图2-53

步骤9 使用少量的黑色刻画最暗处，以提高画面的明暗对比度。注意黑色不可使用过多，以免造成画面的灰暗感。

步骤10 用白色提亮高光，在宝石的适当位置用交叉线绘制六芒星光，可以让宝石看起来更加闪亮灵动，完成项链效果图的绘制。

图2-53 | 项链效果图绘制步骤（陈艺绘制）

✎ **思考与练习**

1.简述不同首饰款式的结构，并思考如何正确运用透视法绘制这些不同结构的首饰。

2.简述宝石的琢型分类，描述不同琢型的工艺特点。要求能够熟练绘制不同琢型宝石的效果图。

3.理解与掌握宝石镶嵌工艺的基本原理和技法，正确绘制不同宝石镶嵌工艺的三视图。要求能够熟练绘制镶嵌宝石首饰的效果图。

第3章

箱包设计效果图绘制与表达

箱包是一种在三维空间中进行建构和造型的产品，其核心功能部位并不在于外部轮廓，而在于内部空间，所以，当我们探讨箱包结构的时候，需要将箱包的外部轮廓与内部空间结合起来考虑。一款具有优秀结构的箱包，必然是外形时尚美观，内部空间结构合理，同时具备美观性和实用性的箱包（图3-1）。

图3-1 ｜ 现代手袋设计作品

3.1 箱包的结构

箱包的造型可谓千变万化，有长方体、正方体、圆柱体、扁球体、圆锥、方锥等，造型有对称的也有不对称的，有规则的也有不规则的。箱包的结构相对比较复杂，因此，需要箱包设计师在设计时，对箱包的结构多一些研究与论证，可以借助箱包纸模，来检查箱包结构是否合理，形态比例是否具有美感，从而积累经验，掌握箱包结构与形态的设计规律。箱包通常由主体大身、前盖、肩带（手柄）、外袋、内袋与锁扣配件等部分组成（图3-2）。

主体大身：通常指箱包中体积最大的、提供主要收纳功能的内部空间。主体大身直接决定了箱包的造型，由前幅、后幅、侧围、底围、袋口拉链贴等组成。

前盖：基于不同的款式，有的箱包会有前盖（如邮差包、剑桥包等），能起到闭合收纳空间的作用，为款式设计的关键形态之一。

肩带（手柄）：如果是背负式箱包，通常配备一条肩带，从包的一侧跨到另一侧，两端与包大身相连；如果是背囊式箱包，通常在箱包后幅，连接两条肩带，双肩背负；如果是手拎式箱包，通常会在箱包上方设计有手柄，手柄可以是单条式（即单条手柄置于箱包的顶部），也可以是双条式（即双条手柄分别置于前后幅）。

外袋：外袋通常贴附于大身之上，一般在前幅、后幅、侧面都有外袋，用于收纳小件物品，使用十分方便，也具有装饰效果。

内袋：通常指设置在主体大身内部的插袋或贴袋，一般在内前幅、内后幅、内中隔层都有内袋，便于分类收纳较小的物品。

锁扣配件：箱包配饰的总称，包括实现包盖与包身盖合的锁扣、连接肩带与手柄的方扣、装饰性的五金饰扣。这些饰扣可以不具备实际使用功能，如用品牌的标志演变而来的饰扣，也有与锁扣结合起来具有实际使用功能的饰扣，还有叽钮、按扣、磁吸扣、钩扣、奶嘴钉等小配件。

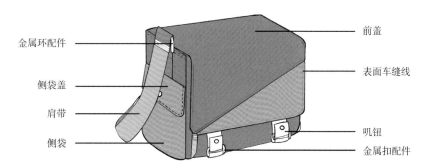

图3-2　|　箱包主要的外观部件（朱兆霆绘制）

工业设计常用爆炸图（Exploded Views）来展示产品的内外部结构，所谓爆炸图就是立体装配图，具有立体感的分解说明图就是最为简单的爆炸图（图3-3）。爆炸图主要为了阐明产品每个部件的材质、名称以及结构拼接形式等，在箱包设计中经常使用爆炸图。

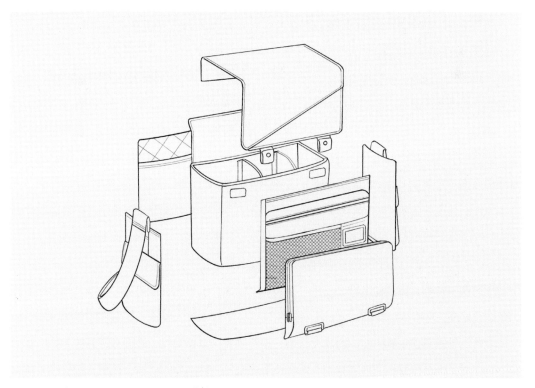

图3-3　|　箱包的爆炸图（朱兆霆绘制）

3.2 材质

制作箱包的材质十分多样，从动物皮革到植物纤维，从金属材质到化学合成材质，以及如今日渐重视的可持续的环保材质，都可以用来制作箱包。

箱包的材质主要分为面料和辅料两大类。

3.2.1 面料

面料，顾名思义就是箱包主体表面所使用的材料，它集中体现了箱包的色彩和质感。设计一款箱包，如果选对了面料，可以说几乎成功了一半。如何选择一款面料呢？通常会用肉眼观察和徒手触摸两种方式。用眼睛观察时，最好是在自然光下进行，此时，面料的色彩呈现是没有色差的，有利于进行不同色彩面料的搭配以及面料与辅料、五金的色彩搭配。运用触摸的方式选择面料时，可以感受不同面料所具有的不同的表面肌理和触感，这对于箱包设计也是很重要的。

（1）皮料

高端箱包通常使用天然牛皮、羊皮等材质来制作，个别的甚至会使用养殖鳄鱼、鸵鸟等的皮料，以彰显箱包的奢华。

下面介绍几种常用的皮革材质（图3-4）。

牛皮：箱包制作材质以牛皮较多，天然牛皮料有真皮牛皮和牛剖层移模革（俗称二层皮）之别。天然皮革较厚，在制革过程中为了提高革的利用率，通常剖成两层甚至多层。第一层剖面皮经表面轻微涂饰后，仍能保留皮的表面质感，其表面有原始的皮肤特征，毛孔与皮肤纹理较为清晰，由又密又薄的纤维层以及与其紧密相连的稍疏松的过渡层共同组成，具有良好的强度、弹性和工艺可塑性等特点。第二层及以下的剖面皮（二层皮）无表面纹理层，美观度、硬度与韧度均不及头层皮，一般经过磨毛、染色等工艺制成二层反绒皮，后来聚氨酯（PU）人造革的生产原理被应用到皮革剖层的生产加工中，二层皮表面加一层PU人造革，使之既具有真皮的吸湿性与收缩性，又具有PU人造革的防水性和耐磨性。可以说，牛剖层移膜革是PU人造革仿皮与真皮相结合的产物，其档次优于合成革及人造革，而价格低于用牛皮剖面皮第一层制成的真皮皮革，适宜制造鞋、皮带、手袋与箱包等。从表面纹理来看，牛皮又有平纹牛皮与荔枝纹牛皮之分。平纹牛皮，又称为纳帕（NAPA）软牛皮。纳帕牛皮属于中高档牛皮，为头层牛皮，手感柔软是纳帕皮革的最大特点，表面平滑，富有弹性，表面有清晰的毛孔，整体平整而细腻，没有明显的纹理和图案。荔枝纹牛皮也是一种常见的皮料，显然，荔枝纹牛皮是经过纹理压制的，其颗粒感明显的质感纹路非常类似荔枝外壳的纹路，因此而得名。

漆皮是指在真皮或二层皮、PU人造革皮等材料上淋漆树脂涂料，表面被加工成光亮坚固的一种皮革，其特点是色泽光亮，具有防水、防潮、不易变形、易于清洁与打理等特点，是一种具有强烈表面效果和风格特征的箱包材料。

羊皮一般为山羊或绵羊的皮，表面毛孔呈扁圆状，毛孔清楚，排列成鳞片或锯齿状。羊皮具有轻巧、薄且软的特点，是箱包制作的理想面料，用羊皮制成的箱包花纹美观、光泽柔和自然、轻薄柔软而富有弹性，但强度不如牛皮和猪皮。

马皮为马的表皮，马的臀部两侧各有一块椭圆形的、纤维组织十分紧实的皮，称为"股子"，耐磨度极强，是高端精品皮具制作的最佳材质之一。除了马臀部的皮外，马的其他部位的皮也可用于箱包制作，随着制革工艺的进步，现已能加工整张马皮，以及带有表面马毛组织的马皮，这种马皮保留了天然马毛的色泽与纹理，有的马皮经过后期加工，还可以染上各种颜色与图案，制成豹纹与斑马纹等。

皮草（皮毛一体）也称"毛皮"和"裘皮"，狐狸、貂、貉子、獭兔和牛羊等毛皮兽动物是皮草原料的主要来源。依据外观可分为厚型皮草（以狐皮为代表）、中厚型皮草（以貂皮为代表）、薄型皮草（以波斯羊羔皮为代表）等。近年来，随着纺织技术的发展，人造毛皮发展很快。人造毛皮具有天然毛皮的外观，价格便宜且易于储存。在性能方面接近天然毛皮，品种有针织人造毛皮、人造毛皮编织和人造毛皮等。

人造皮革的外观类似于天然皮革，价格低廉，颜色多种多样。早期生产的人造革由涂在织物表面的聚氯乙烯（PVC）制成，外观和实用性能较差，近年来，开发了各种聚氨酯（PU）合成革，人造革的质量得到显著提高。人造革根据原料可分为两类，即PVC人造革和聚氨酯（PU）合成革，包括人造漆皮革、人造珐琅革、聚氯乙烯增塑膜等。

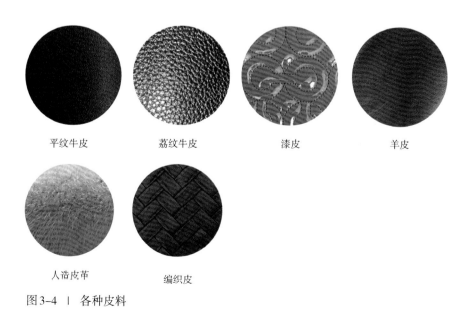

平纹牛皮　　　　荔纹牛皮　　　　漆皮　　　　羊皮

人造皮革　　　　编织皮

图3-4　|　各种皮料

（2）布料

除了皮料，布料也在箱包制作中占有重要地位。在表达不同风格气质，塑造不同廓型和软硬质感方面，布料的作用较为突出。

布料的柔软性好，休闲类箱包大部分采用布料来制作，不怕磨压是布料的优点，另外，布料的耐用与耐磨性也受到厂商和消费者的青睐。随着科技的进步，布料箱包的防水性能也越来越强，弥补了布料本身不能防水的缺陷，加上布料容易进行各种风格的设计，所以，用布料制作的箱包款式较多，风格各异，布料箱包已渐渐成为箱包领域的主流。

布料的种类较多，常见的有尼龙、牛津布、帆布、网布、蕾丝、丝绒以及牛仔布等（图3-5）。

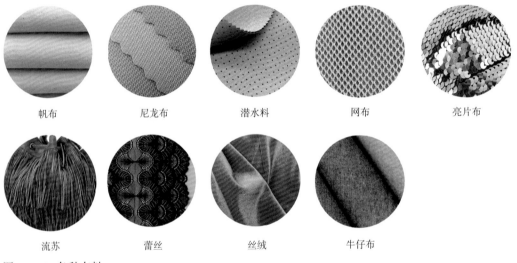

| 帆布 | 尼龙布 | 潜水料 | 网布 | 亮片布 |

| 流苏 | 蕾丝 | 丝绒 | 牛仔布 |

图3-5 ｜ 各种布料

（3）新型特殊材料

近年来，新型特殊材料在箱包制作中异军突起，一方面因其价格更有优势，被许多大众化定位的产品所采用；另一方面，新型特殊材料的色彩极为丰富，更容易与时尚潮流趋势相融合，尤其是在营造科技感和未来风格方面，比传统的皮革与布料材质更有优势。

新型特殊材料包括PVC老花料、镭射反光TPU、透明材料、金属质感材料、草编材料等（图3-6）。

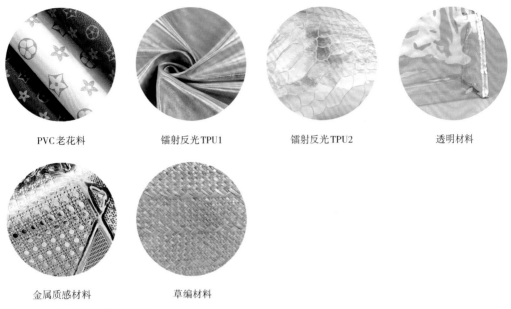

| PVC老花料 | 镭射反光TPU1 | 镭射反光TPU2 | 透明材料 |

| 金属质感材料 | 草编材料 |

图3-6 ┃ 各种新型特殊材料

3.2.2 辅料

一款箱包，除了精美、耐用与手感细腻的外观是经过精密设计之外，其内部也同样凝聚了设计师与工匠的心血，尤其是定位高端的箱包，其内部结构和材质选择也是十分考究的，而不管是箱包的外部还是内部，辅料的使用都十分广泛。可以说，辅料的使用直接决定了箱包的手感、廓型、硬挺度和耐用程度等。

（1）里布

作为箱包的一种辅料，里布的使用占比较大，其使用占比仅次于面料。好的里布，有着审美性和功能性兼具的特点。里布不仅需要具有耐脏、防水、防油污等性能，其颜色、质感与纹样风格等都应与面料相呼应。很多品牌都会在里布设计中使用自己独有的图案，这些品牌的箱包产品外部较为低调，没有品牌标识，但在里布的设计上，往往会印有品牌标识或品牌专有图案。

（2）五金部件

五金部件是箱包的"眼睛"，在箱包设计中往往起到画龙点睛的作用。一款简约大方的包，其造型可能十分简洁，面料也可能低调含蓄。但是，当箱包被点缀了一套设计独特、品质精良的五金锁扣时，整个箱包就变得熠熠生辉了。例如，一些It Bag ❶之所以风靡一

---

❶ "It Bag"为"Inevitable Bag"的缩写，意为"不可回避的包袋"，引申为"必须拥有的包袋"。多指被时尚人士、明星使用，被商家翻版最多的包袋。

时，就是因为它们饰有精致的五金扣件，譬如爱马仕的"H"型五金扣件，就是非常典型的代表；除了主五金件，还有D扣、方扣、钩扣等功能性配件，也是较为常用的。

（3）其他辅料

箱包的其他辅料还有尼龙线、麻线、卡纸、皮糠纸、织带、拉链、EVA、非织造布、杂胶、钢片、铆钉与奶嘴钉等（图3-7）。

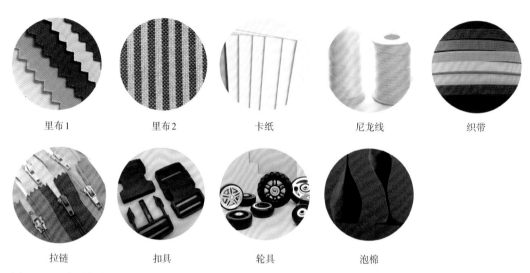

| 里布1 | 里布2 | 卡纸 | 尼龙线 | 织带 |

| 拉链 | 扣具 | 轮具 | 泡棉 |

图3-7 ┃ 各种辅料

3.2.3 箱包部件

箱包部件包括手柄、肩带、耳仔、拉牌、贴袋、五金、饰物等（图3-8~图3-12），在箱包设计中，这些都属于细节设计部分，而箱包的灵魂就在于细节的设计，很多大家耳熟能详的It Bag都是通过标志性的五金饰扣脱颖而出，被大众铭记和追捧的，譬如经典的爱马仕"H"字母饰扣、卡地亚的豹形金属装饰五金、普拉达的三角滴胶金属牌、克洛伊的大锁等。一款设计独特的五金饰扣，不但可以起到画龙点睛的作用，也是强化品牌风格、传递品牌价值观的重要手段。

每个品牌都会有自己专属的设计语言，这些设计语言可能体现在箱包的某一个结构上，可能是拉牌的细节设计，可能是一个造型独特的耳仔，或者也可能是某一个挂饰，因此，掌握箱包的细节设计并且通过对不同品牌不同款式细节的临摹学习与总结，是成为一个成熟的设计师的必备能力。

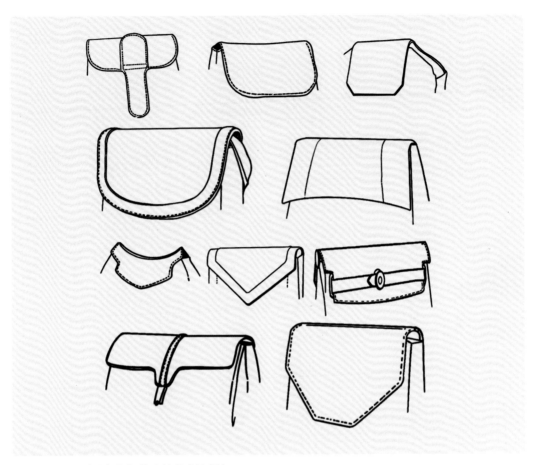

图3-8　|　不同形态的包盖（吴雅睿绘制）

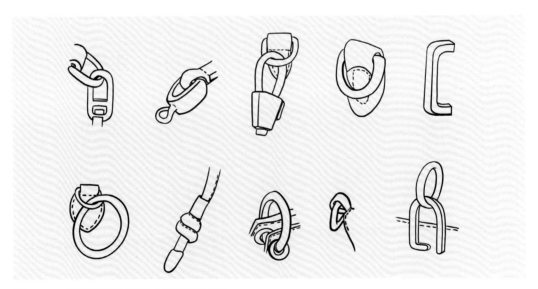

图3-9　|　不同形态的耳仔（李紫岚绘制）

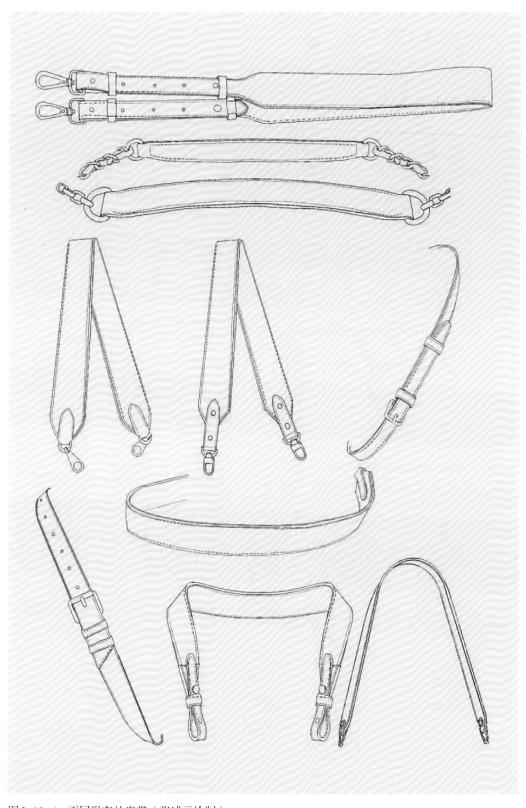

图 3-10 | 不同形态的肩带（张浦元绘制）

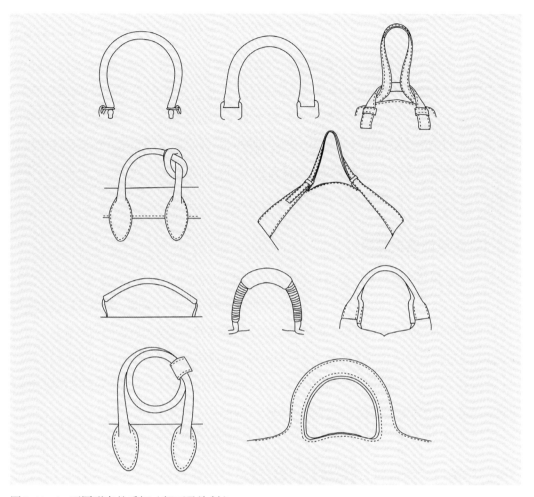

图 3-11 ｜ 不同形态的手柄（郭丽君绘制）

图 3-12 ｜ 不同形态的五金锁扣（孙逐月绘制）

3.3 创意设计

时下，消费者的审美需求已逐渐呈现个性化与差异化趋势，越来越多的时尚箱包消费者已不满足千篇一律的经典款带来的审美疲劳，于是，原创设计师箱包品牌应运而生，许多具有创意设计的箱包产品如雨后春笋般涌现在箱包消费市场。可以说，具备可持续创新迭代能力的原创箱包设计师是市场极度稀缺的。事实上，好的设计绝不是仅仅具有市场经验就能做出来的，还要求设计师具有想象力、时尚嗅觉、创新力、审美力与探索精神。

3.3.1 箱包创意灵感板

设计一款箱包或者绘制一款箱包的效果图，都是从脑海中的一个灵感或构想开始的。随着思考的不断深入，箱包的形体、结构、部件、色彩、材质、功能、开合方式、五金配饰等才能得到进一步的完善。巧妙的构思和概念转瞬即逝，创意灵感板的目的就在于将这些一闪而过的构思和概念快速地记录和呈现出来。创意灵感板是将设计理念图形化、可视化的重要形式，是一项初期的工作，展现的内容主要是创作灵感的来源和初期的调研成果，在这里，设计创意和思维发散都可以展现出来（图3-13、图3-14）。

图3-13 | 箱包创意灵感板1（陈庆邦绘制）

图3-14 | 箱包创意灵感板2（程梦琪绘制）

3.3.2 设计风格定位

在对箱包设计有了基本概念之后，我们就可以着手进行箱包手绘效果图的绘制。在动笔之前，应该在脑海中想象一下，这是一个什么风格的箱包？是奢华款，还是日常休闲款？是偏功能性的，还是偏艺术性的？是运动型，还是防护型？我们可以罗列许多关键词，如简约风、抽象风、优雅风、工业风、科技风、波普风、未来风、复古风等。这些风格都是目前箱包市场较为常见的，随着箱包设计观念的不断深入，相信还会有新的设计风格出现在我们面前（图3-15~图3-20）。

图3-15 | 工业风手袋设计

图3-16 | 抽象风手袋设计

图3-17 ┃ 简约风手袋设计

图3-18 ┃ 波普风旅行箱设计

图3-19 ┃ 复古风手袋设计

图3-20 ┃ 优雅风手袋设计

3.4 设计草图

　　绘制设计草图的目的在于提高我们对物体的观察能力，以及从中提炼基本形体的能力，为进一步生成箱包设计效果图打下基础。

在创意的最初阶段，灵感不断涌现，我们要在纷繁复杂的素材中分析问题，提炼灵感，最佳方式就是用线条快速捕捉、勾勒和表现这些灵感与问题，通过对诸多元素的归纳、重复、组合、构成、拆解等方式，用笔尖快速描绘各种创意的可能性。

在大量草图的快速勾勒之后，挑选出相对更有创意、更符合设计主题、更具发展可能性的草图，进行比较，通过进一步地深入思考和推敲之后，再绘制一些草图，这一步很关键，可以说，它基本确立了最终的设计方案和思路。所以，在绘制这些草图时，可以在图上标注相关的思考和备注文字，尤其是关于结构、链接方式、功能与工艺方面的文字信息。有了这些文字标注，在下一步绘制正式效果图时，就不会遗漏设计要点，也为设计说明的撰写积累相关内容（图3-21~图3-28）。

图3-21 ｜ 箱包设计草图1（胡俊绘制）

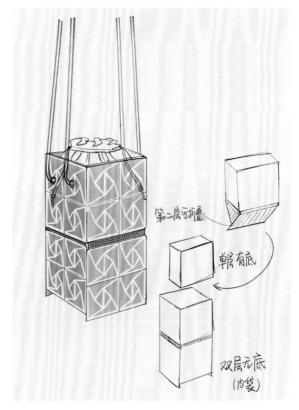

图3-22 ｜ 箱包设计草图2（孙逐月绘制）

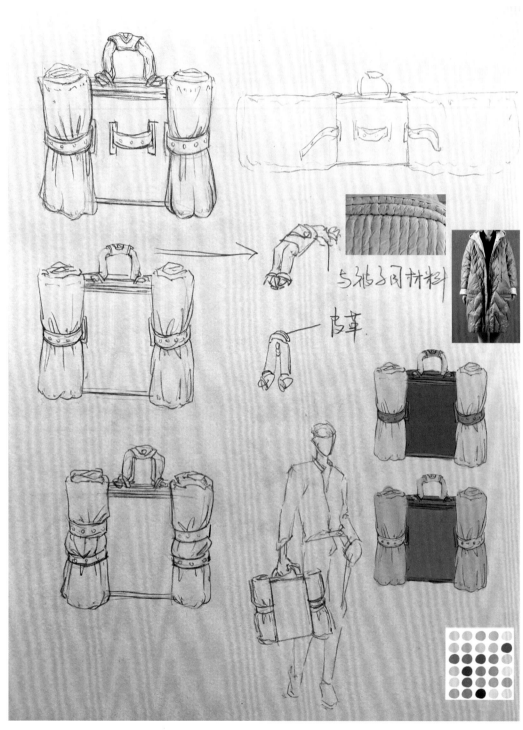

图3-23 | 箱包设计草图3（甘杨绘制）

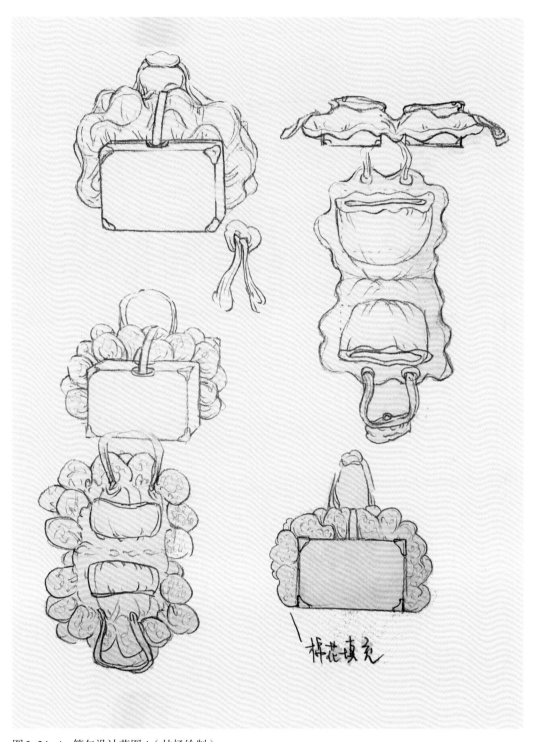

图3-24 ｜ 箱包设计草图4（甘杨绘制）

图3-25 ｜ 箱包设计草图5（胡俊绘制）

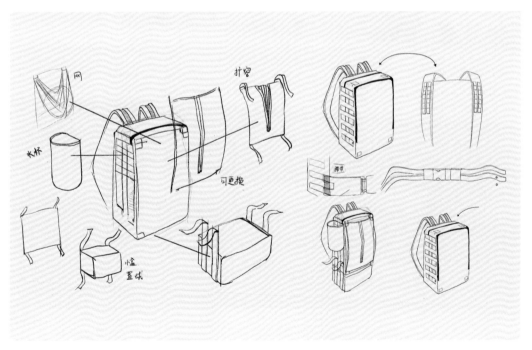

图3-26 ｜ 箱包设计草图6（李芳仪绘制）

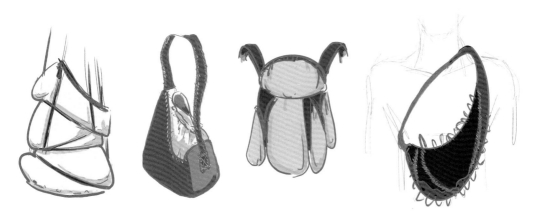

图3-27 ┃ 箱包设计草图7（甘杨绘制）

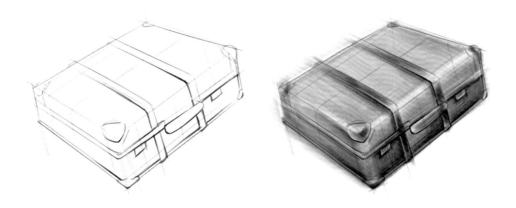

图3-28 ┃ 箱包设计草图8（程梦琪绘制）

3.5　效果图绘制

　　箱包从设计构思开始，就需要从多个视角来对其造型进行构想，以确保从每一个角度观看，都是美观大方、尺度比例协调且符合使用功能的。此外，箱包的每一个角度状态下，各个面的连接关系都必须相互对应，符合结构要求。很多初学者往往可以在二维平面的基础上画出一款好看的箱包造型，但是无法交代清楚多角度状态下各个面的结构，不能清晰地展现三维空间中箱包的连接关系。因此，多角度视图的绘制，是箱包设计师必须掌握的技能，也是实现箱包设计理念的必要手段，多角度视图的绘制，也有利于工艺师的打样工作，提高制板效率。

3.5.1　形体空间的构建

　　基于初步确立的设计思路和绘制的草图，接下来可以开始进行箱包形体空间的构建。

　　箱包形体空间是箱包产品的灵魂，是一种从二维到三维的空间转换，箱包形体空间的建构，意味着不管是常规的正方体、长方体、圆柱体、锥体还是六面体，都已不再是二维空间平面的构成，而是在长、宽、高三维空间中，有机地创建一个立体的形体，因此便可以理解为何箱包被比喻为一个小型的雕塑了（图3-29~图3-31）。

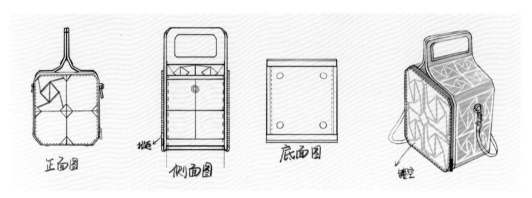

图3-29　|　建构箱包的三维空间（孙逐月绘制）

图3-30　|　不同形态的包袋1（李小龙绘制）

图 3–31　｜　不同形态的包袋 2（孙乙文绘制）

　　箱包形体空间的构建有以下几种方式。

　　第一，增维建构：把二维图增加一个维度（如厚度），那么，在二维设计图较为完善的情况下，把二维图向三维空间拉抻，其形体空间的建构效果较好。

　　第二，三维理念建构：绘制透视图时，在水平线上，绘制一个立方体、球体或有机形体，然后进行组合、拆分、加减、重复等操作，来建构形体空间。

　　第三，借助现有形体建构：借助现有的形体，如动植物、建筑、家具、陶瓷、雕塑等，以它们为基础，进行思维发散，也就是通过联想、改造、替换等手段，重新加入箱包的元素特征来进行设计，从而得到一个新的箱包形体空间。

　　箱包形体空间的构建需要时刻注意形体空间的视觉中心，也就是空间的正面，这个面的造型是最重要的，它能给观者留下最深印象的视觉形象，也就是最具标识性的视觉形象。此外，箱包的形体空间还需要符合收纳、开合、携带等功能的要求。

　　初期的箱包效果图一般为单色，要求能够清晰而准确地表达箱包的结构空间。单色效果图主要表达形式为结构素描表达法，所谓素描表达法，就是在透视的基础上，使用黑、白、灰调子，尽可能准确地描绘物体的结构、转折、比例、连接等。结构素描表达法可以帮助我们在脑海中将箱包分解为不同的几何形体，如矩形、梯形、圆形等，然后按照透视规则，将这些形体重组，最后描绘到纸上。结构素描表达法仿佛赋予了我们透视功能，让我们能够看穿物体，使我们不仅能看到物体的外观，也能看到物体内部的形体与结构（图3-32）。

图3-32 ｜ 用结构素描表达法绘制的箱包图（朱兆霆绘制）

3.5.2　箱包的不同状态

箱包是人们日常生活中参与度非常高的一类产品，它能随身携带，在不同生活场景中与使用者一同出现，成为个人服饰风格中不可分割的一部分，同时，也承担着为使用者携带必需品的任务，解放了人们的双手，甚至成为人们身体的外延。因此，箱包与人的关系密不可分，在做箱包设计的时候，必须充分考虑不同使用场景中箱包与人体结合时的状态，考虑箱包在静态与动态状况下分别呈现怎样的形态，并不断训练我们对不同状态下箱包形态的想象能力。

选择描绘什么状态下的箱包也与箱包本身的风格定位和特征有关。如果是端庄大气的定型包，使用场景大多为职场或公务场合，那么，它一般呈现静止状态，对称的画法则是较为合适的。而运动型的箱包，尤其有一些材质、功能卖点的产品，则比较适合画成具有动感的状态。如果是旅行箱或相机包等一些非常偏重功能的产品，则需要画出凸显功能的结构部件以及使用中的状态效果（图3-33~图3-39）。

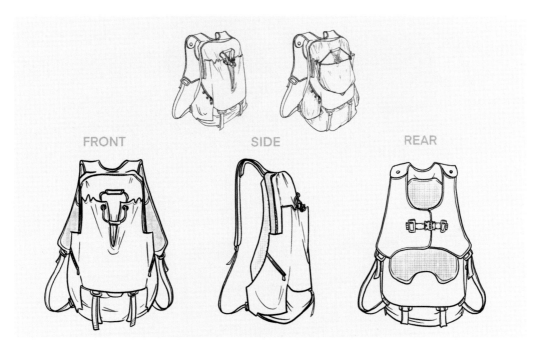

图3-33　｜　静止状态中的箱包效果图1（甘杨绘制）

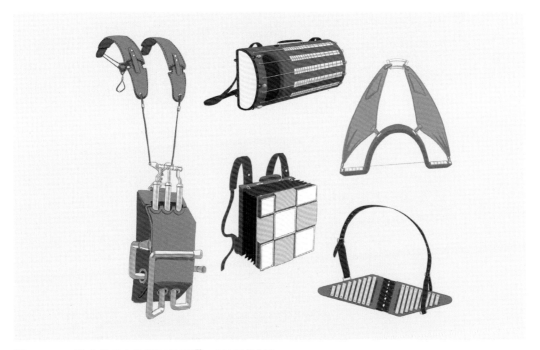

图3-34　｜　静止状态中的箱包效果图2（甘杨绘制）

图3-35 ｜ 静止状态中的箱包效果图3（甘杨绘制）

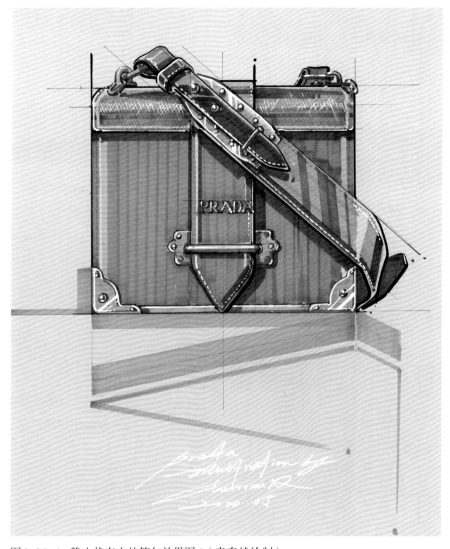

图3-36 ｜ 静止状态中的箱包效果图4（袁春然绘制）

图3-37 | 静止状态中的箱包效果图5（袁春然绘制）

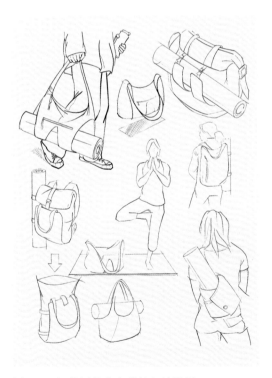

图3-38 | 使用状态中的箱包效果图1
（朱兆霆绘制）

图3-39 | 使用状态中的箱包效果图2
（袁春然绘制）

3.5.3 绘制步骤

相比草图而言，箱包的外观效果图需要绘制得较为正式，需要全面展现箱包的整体造型、外部结构、比例关系、材料质感、色彩配置等，局部零件细节也需要清楚地表达出来。相对来说，效果图用于表现已经定型的设计作品，所以，箱包各个部件的形态、材质与色彩都应该表现完整和准确。

箱包设计效果图的绘制步骤一般为勾勒轮廓、勾勒外部结构、描绘部件、描绘明暗关系、整体着色等。

（1）旅行箱效果图绘制（图3-40）

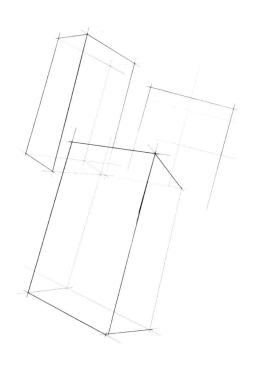 

步骤1 依据两点透视原则分别画三个立方体，初步确定旅行箱的轮廓与尺寸比例。尽量用直线来画，可以借助直尺等工具。

步骤2 在三个立方体的基础上，画出转角弧线，进一步勾勒提手、拉杆、滑轮等部件细节。这一步同样可以借助直尺、圆规等工具。

步骤3　继续勾勒铆钉、边条、按键、锁扣等部件的细节。

步骤4　画第一遍底色，选用箱子主色调的马克笔来画，注意在铺底色的时候要留出高光。

步骤5　画第二遍颜色，也就是在底色的基础上加深旅行箱的暗部色调，从而增强旅行箱的立体感。

步骤6　强调一下明暗交界线，画出暗部的反光，描绘投影，完成旅行箱的效果图绘制。

图3-40　｜　旅行箱效果图绘制步骤（朱兆霆绘制）

（2）女包效果图绘制（图3-41）

步骤1 按照箱包的角度、方向与比例等，用直线勾勒包的立方体、手柄与肩带，确定女包的边缘位置，尽量用直线来画，可以借助直尺等工具。

步骤2 用线条勾画女包的各个部件与装饰图案等，注意不同材质和颜色之间边缘线的勾画，另外，侧面材料的皱褶线也需要勾画。

步骤3 根据女包材质的色相、明暗与色相关系，平铺第一遍颜色。

步骤4 对每一个部件和块面，分出亮部、中间与暗部色调，深入描绘暗部，使暗部分出层次，加强女包的立体感。

步骤5 将亮部、中间与暗部色调进行晕染，使之过渡自然。进一步描绘肩带与五金件的细节。

步骤6 描绘车线和边油等细节，描画亮部的明暗关系，以增加亮部的层次。

步骤7 换小一号的画笔进行更细微的局部刻画，对皮革表面肌理与金属反光等做进一步的刻画。

步骤8 整体调整女包的空间、色彩与明暗关系，描画投影，完成女包效果图的绘制。

图 3-41 | 女包效果图绘制步骤（姜文锜绘制）

（3）运动休闲包效果图绘制（图 3-42）

步骤1 运动休闲包的特点是容量大，体积饱满，功能分区多，因此通常选取四分之三角度来绘制，比较能够完整展示运动休闲包的结构特点。用直线勾勒出运动休闲包的轮廓，注意透视关系的准确性。

步骤2 进一步细化休闲包的结构线，尽可能地交代清楚每一个面，以及每个面上的结构部件，力求比例恰当、刻画精准。

步骤3 选用与实际材质色彩不同明度的3~4个颜色，整体铺一层底色。亮部使用固有色灰黄色，暗部使用比灰黄色略深的深灰黄色。

步骤4 进一步描绘暗部，同时，根据休闲包的结构，在亮部涂一层比固有色深一点的颜色，加强休闲包的立体感。

图 3-42

步骤5 对高光进行提亮，如果是光面材质（如漆皮），它的高光需要绘制得很亮；如果是布料或者亚光材质，它的高光就比较含蓄。

步骤6 添加车线与油边轮廓，以丰富细节层次，描绘投影，完成运动休闲包的效果图绘制。

图3-42 | 运动休闲包效果图绘制步骤（刘雨桐绘制）

（4）男士公文包效果图绘制（图3-43）

步骤1 绘制男士公文包，通常需要根据其硬朗挺括有型的特点，选用直线来表现，在此可以借助尺子等工具来绘制。为了体现庄重感，公文包的设计一般是对称的，所以在绘制线稿的时候，需要注意这一特点，左右口袋、锁扣、手柄等，都采用均衡对称的设计。

步骤2 选用与公文包材质颜色相同的色彩，整体平涂一遍底色。

步骤3 根据公文包的造型与结构，描绘明暗关系。

步骤4 在画笔半干半湿的状态下，一遍一遍地扫涂颜色。一是为了上色更均匀，二是使颜色富有层次变化。

步骤5 根据材质的质感，进一步细画公文包
的明暗关系，加强立体感。

步骤6 对亮部进行提亮，刻画金属扣件的高
光，并对整体颜色进行渲染，使色彩之间的过
渡比较自然。

步骤7 添加车线，刻画投影，完成男士公文
包效果图的绘制。

图3-43 | 男士公文包效果图绘制步骤（刘雨桐绘制）

思考与练习

1.请挑选一款箱包，用10分钟进行手绘速写。要求透视准确，结构交待清晰，线条
流畅，并能表达箱包的材料质感。

2.以20世纪90年代的社会环境为灵感来源，结合当下流行趋势，进行手绘快题创作
练习，在一小时内绘制10张手绘图。要求风格鲜明，色彩搭配协调，细节设计到位。

3.对自己的原创箱包设计手稿进行精细效果图绘制，限时2.5小时。要求形态生动，
风格鲜明，质感逼真，细节刻画到位，可带有部分背景或人物，以便更完善地表现箱
包的使用场景。

第4章

鞋品设计效果图绘制与表达

在当代时尚潮流中，鞋品的个性化设计已被越来越多的人认可，偏向创意类型以及概念化的鞋品设计与大众消费群体的距离也越来越近，这说明时尚人群的个性化表达需要已成为配饰设计师必须考虑的首要问题。于是，创意与创新成了时尚鞋品设计的代名词，个性化的鞋品设计随处可见（图4-1）。随着技术的进步，当代鞋品的制造工艺日新月异，计算机技术被广泛采用，通过脚部扫描，在电脑中生成鞋子样品，然后直接进入3D打印的流程，就能获得一双真正的鞋子。这种技术甚至已经十分成熟，只是与之配套的商业模式和营销手段还需要继续跟进。

图4-1 | 现代时尚鞋品

4.1 鞋品的结构

通常，鞋品主要由以下几个部分组成，分别是鞋帮、中帮、帮里、内底、中底、大底（外底）、内包头、鞋舌与鞋跟。但不同的鞋品，在结构组合上也略有不同（图4-2）。

鞋帮：鞋帮是整个鞋品除鞋底之外的部分，包括鞋面和鞋里（内衬），由鞋面和鞋里两层缝合而成。鞋品的价值主要体现在鞋帮上，它是整个鞋品使用寿命长短的决定因素之一。

中帮：中帮是位于小趾端点的后部件，是整个鞋品美观、舒适、耐曲和耐穿与否的要件。

帮里：泛指鞋帮的里子（鞋垫也属帮里类），处于鞋品的内腔。帮里必须具备吸湿、耐磨、支撑、耐曲等条件。

内底（中底）：位于鞋底面部，接触脚底的鞋底部分称为内底。

中底：装置在鞋品的腰窝部位，起支撑作用，能随人体压力维护脚底状态，保持鞋品不变形。

大底：又称外底和鞋底，是皮鞋与地面直接接触的部分。它承受不同地面环境的冲击与摩擦，不仅保护鞋品的底部和脚，而且对人身起着缓冲的作用。

内包头：内包头在鞋头的鞋面和鞋里之间，起支撑定形作用，以保护鞋帮的头部，并维持鞋形的美观。

鞋舌：位于鞋帮的跗背部位，主要用于保护跗背。

鞋跟：位于外底后端，又称后脚，起到调节人体平衡以及缓冲的作用，是鞋的磨损集中点。不同类型的鞋品有不同高度的鞋跟，以增加鞋品的穿着舒适度和美观性。以人类工效学来看，足部前后有2cm的高度差距，可以让步行更舒适，而太高的高跟鞋则会引起种种问题。

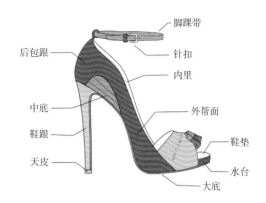

图4-2 | 鞋品结构图

鞋品的分类有多种方法，按穿用对象可分为男鞋、女鞋、童鞋和老年鞋等，按功能可分为正装皮鞋、休闲皮鞋、靴、运动鞋、凉鞋、拖鞋等，按季节可分为单鞋、夹鞋、棉鞋、凉鞋等，按材料可分为皮鞋、布鞋、胶鞋和塑料鞋等，按头形可分为方头鞋、方圆头鞋、圆头鞋、尖圆头鞋和尖头鞋等，按跟形可分为平跟鞋、低跟鞋（跟高在30mm以下）、中跟鞋（跟高在30~50mm）和高跟鞋（跟高在50~80mm）等，按鞋帮可分为浅口鞋、高帮鞋、满帮鞋，短筒鞋（筒高在14cm以下）、中筒鞋（筒高在15~22cm）和高筒鞋（筒高在23~36cm）等，按用途可分为日常生活鞋、劳动保护鞋、运动鞋、旅游鞋和负跟鞋等。

4.2 材质

鞋品制作的材料非常广泛，从纤维、皮革、金属到化学合成材料，再到可持续环保材料，都有不同程度的运用。总的来说，制鞋材料主要分为面料、底料、里料与辅料四大块。

4.2.1 面料

面料，顾名思义，就是鞋品主体表面所使用的材料，制鞋用面料在延展性和韧性上均要求较高，因为制鞋有蒙鞋楦及入烤箱加温定型的环节，面料在这个过程中要承受拉力和高温。

制鞋面料包括皮革与布料，皮革分为天然皮革及人造革两大类。天然皮革包括牛皮、羊皮、猪皮、袋鼠皮、鹿皮等。人造革有PU、PVC等。布料有帆布、网布、亚光绸、高光丝绒与蕾丝等（图4-3~图4-5）。

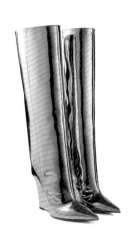

图4-3 ┃ 立绒蝴蝶结水晶网布高跟鞋   图4-4 ┃ 金色液态金属感皮革坡跟及膝靴

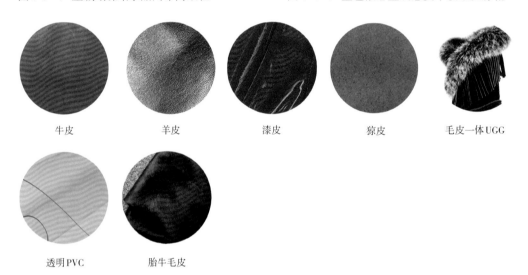

| 牛皮 | 羊皮 | 漆皮 | 猄皮 | 毛皮一体UGG |

| 透明PVC | 胎牛毛皮 |

图4-5 ┃ 各种面料

　　牛皮分为黄牛皮、水牛皮等，一般黄牛皮的强度优于水牛皮。根据牛的年龄，牛皮又可分为胎牛皮、小牛皮、中牛皮与大牛皮等。牛皮还可分为头层和二层，头层一般用于制作鞋面，二层一般用于制作运动鞋、皮鞋的垫脚等。头层牛皮的价格远远高于二层牛皮的价格。小牛皮是指从2~3岁小牛身上获取的皮，每张小牛皮的大小不超过15平方英尺（1平方英尺=0.0929平方米），毛孔较小，皮质细腻具韧性，柔软细滑，拉力强，毛孔粒面小而清晰，是牛皮中档次较高的品种。正宗的小牛皮用放大镜观察，其表面的毛孔清晰可见，用手握如棉被，是非常优秀的制鞋材质。

　　羊皮分为绵羊皮、山羊皮两大类。一般山羊皮的牢度优于绵羊皮，绵羊皮的柔软度及穿着舒适性优于山羊皮。

猪皮在鞋面当中用得较少，在童鞋中则用得相对较多。猪皮价格较低，一般在成人鞋的制造中用于里皮制作。猪皮有头层和二层之分，头层强度较好，二层强度较差。

漆皮是指在真皮或者二层皮、PU皮等材料上淋上漆树脂涂料，把表面加工成光亮坚固的皮革，其特点是色泽光亮自然，防水、防潮性较好，不易变形，容易清洁与打理，是一种具有强烈表面效果和风格特征的鞋靴材料。

人造革一般由人工合成，主要用于制作鞋面。人造革的价格、舒适性与透气性都比天然皮革差。也有极少数人造革由于制作工艺复杂，其价格高于天然皮革。

女士鞋品在制作材料的选择上极其丰富多样，可谓方寸之间，大有乾坤。要表现高贵华丽的风格就选择真丝缎或丝绒，要表现时尚运动感可以选择尼龙或网布，要表现浓郁女人味可以选择蕾丝、纱网或加一点轻盈的皮草（鸵鸟毛），要表现轻松慵懒明媚的度假风，则可以选择图案张扬、色彩艳丽的印花、提花面料以及草编材料等，可谓应有尽有。

4.2.2 底料

底料主要包括橡胶底、PVC、TPR、PU以及EVA等。

橡胶底。天然橡胶较为耐磨、耐寒与耐折，但用于制作鞋底的橡胶往往要加入其他低成本的材料，若加入过量也会大大降低其耐折与耐磨性能。此外，橡胶底往往较重。

PVC的耐寒性较差，温度越低其硬度越高，反之，温度越高其硬度越低。PVC的耐折与耐磨性需根据配方而定，PVC鞋底也往往较重。

TPR鞋底的重量较PVC鞋底与橡胶底轻一些，表面无光泽，耐寒性较好，耐折、耐磨性也需根据配方而定。

PU鞋底的分量较轻，耐折、耐磨与耐寒性较好。

EVA鞋底（俗称发泡底）的分量较轻，但耐压性较差，受压后往往容易变形不易回弹，耐寒性较好，而耐磨与耐折性则较差。

4.2.3 里料

用于制作鞋里的材料称为里料，一般可分为两大类：真皮及人造革里料。

真皮里料包括猪皮、羊皮与牛皮等。猪皮可分为头层和二层，按表面处理不同又可分为水染猪皮与涂层猪皮。羊皮一般用于制作高档鞋的内里，不易褪色，透气与吸汗性较好，价格一般为头层猪皮的3~4倍。牛皮一般用于制作高档鞋的内里，透气与吸汗性较好，价格较高。

人造革里料包括PU、PVC以及其他复合类的革料。人造革内里一般成本较低，但也有部分价格高于猪皮。没有经过特殊工艺处理过的PU、PVC人造革的透气与吸汗性很差，但经特殊工艺处理后，其透气与吸汗性得到改善，这种革俗称透气革。

4.2.4 辅料

鞋品制作涉及的辅料也种类繁多，有装饰性的也有功能性的。辅料是指对鞋材的使用起到连接、装饰、功能等辅助作用的材料。辅料包括五金饰扣、鞋带、拉链、塑胶饰扣、护脚板、松紧带与发泡垫等。随着技术的不断进步，更多辅料在制鞋工艺中的使用能提高鞋品的各项技术指标，比如耐久度、舒适度与透气性等，还可以提高鞋品的美观度（图4-6~图4-9）。

装饰性的辅料主要包括女士鞋品上的鞋花与饰扣，材质有五金材料的，颜色包括金色、银色、古铜、枪色等金属颜色。材料表面有光面、拉丝与磨砂等效果，也有塑胶材料的，比如鸭嘴扣、日字扣等，风格偏运动感与工业风。还有布料的，如丝绸缎面质感的蝴蝶结、花朵等。此外还有丝带编结、珍珠镶嵌、水钻镶拼而成的装饰性鞋花与饰扣。

功能性的辅料包括各式鞋带、鞋垫与鸡眼，用于鞋里定型的港宝、勾心、鞋跟、鞋中底与鞋大底等。

图4-6 | 水晶扣饰缎面尖头高跟鞋　　　图4-7 | 刺绣草织坡跟凉鞋

图4-8 ǀ 流苏高跟凉鞋　　　　　　　图4-9 ǀ 尼龙橡胶涂层PU踝靴

4.3 创意设计

　　鞋品已是时尚配饰产业的重要组成部分，一般来讲，鞋品设计包括对鞋的造型、结构与制作方法进行构思与绘制，也包括相关技术文件的绘制。鞋品设计一般根据脚的生理构造，按照制鞋工艺特定的技术规范，遵循实用、美观、舒适与经济的原则来进行。它涉及的学科十分广泛，有人体工效学、解剖学、生物力学、数学、医学、美学等学科，此外，还必须考虑流行趋势、市场需求、生产销售与经济效益等。

　　近年来，人们对鞋品的理论研究和造型探讨已远远超越了鞋品本身的实用性。鞋品在保证基本实用性的同时，也应具有视觉审美性。鞋品设计师往往会在绘制鞋品设计图时，努力表现出鞋品的独特之处，并将之升华为艺术品。

　　在开始鞋品创意设计之前，设计师需要深刻理解鞋品是功能与美感高度统一的产品，其对功能性与舒适性的要求很高。此外，鞋品必须依据鞋楦才能制作出来，鞋楦犹如人的脚，鞋子必须在制作过程中紧密贴合鞋楦，因此，鞋楦的头型、高度与翘度，决定着鞋品的线条、弧度、空间结构与造型，可以说，鞋品设计是从鞋楦设计开始的。依照一款设计精良的鞋楦制作出来的鞋靴，可以给使用者带来舒适的穿着体验，有着优美耐看的鞋型，此外，依照设计精良的鞋楦还可以延伸设计出一系列的鞋品款式。例如，设计不同的帮面、配色与装饰等，其中，可获得最多变化的就是帮面设计，有深口、浅口、低帮、高帮、高筒、绑带、系带、拉链、一脚蹬、乐福鞋与拖鞋等。

4.3.1　鞋品创意灵感板

　　鞋品设计往往是从脑海中的一个灵感或构想开始的，随着思考的不断深入，形体、结构、部件、色彩、材质、功能与五金饰扣等，才能得到进一步的完善。巧妙的构思和概念转瞬即逝，创意灵感板的目的就在于将这些一闪而过的构思和概念快速地记录和呈现出来（图4-10、图4-11）。

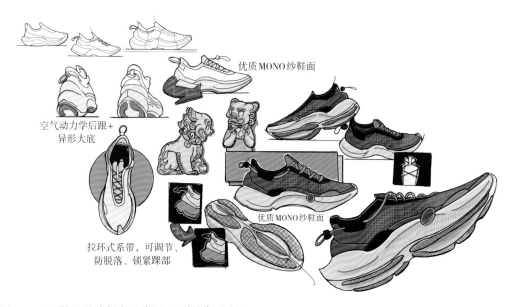

优质MONO纱鞋面

空气动力学后跟+
异形大底

拉环式系带，可调节、
防脱落、锁紧踝部

优质MONO纱鞋面

图4-10 ｜ 鞋品设计创意灵感板1（陈庆邦绘制）

图4-11 ｜ 鞋品设计创意灵感板2（程梦琪绘制）

4.3.2 设计风格定位

鞋品是三维立体的，它对足部起着包裹和保护的作用。鞋头和鞋跟的形状是鞋品的两大主要特征之处，是展示鞋品独特设计的重要部位，因此需要重点强调。当然，不同用途与设计风格的鞋品在形态上会有较大的出入。

根据风格属性来划分，目前女鞋一般分为15种常用风格：甜美、日系、韩版、欧美、复古、英伦、朋克、中性、罗马、性感、职场女性（OL）风、简约、优雅、休闲和民族风格（图4-12~图4-21）。风格定位好了，就能锁定一个大致的设计范围，这个范围包括造型、选材、用色、制作工艺与功能等，不同的风格在这几个范围上有不同的选择权重。但是一款好的鞋品设计，一定是主次分明的。因为鞋品的体积相对较小，在有限的空间和表面上，要十分克制地运用设计元素，尽量避免华而不实的元素堆砌，突出1~2个设计亮点就可以了。

甜美风：带有少女甜美感觉的鞋品，常见设计元素有蝴蝶结、花朵、串珠、波点、流苏、裸色与水钻等。

日系风：带有日本风格的鞋品，常见设计元素有蝴蝶结、花朵、串珠、波点、流苏、雪纺、水钻、糖果色与松糕等。

韩版风：带有韩国风格的鞋品，常见设计元素有高跟、裸色、金粉、铆钉与水钻等。

欧美风：带有欧洲风格的鞋品，常见设计元素有铆钉、拼接、豹纹、马毛、撞色、荧光、松糕、厚底、罗马、动物纹与亮片等。

复古风：带有怀旧感的鞋品，常见设计元素有金属头、搭扣与怀旧色等。

英伦风：带有英国风格的鞋品，体现贵族气息，个别带有欧洲学院风，常见款式为牛津鞋。

中性风：无显著性别特征的鞋品，男女都可以穿，常见设计元素有系带与尖头等。

朋克风：带有金属质感的鞋品，造型较为夸张，常见设计元素有铆钉、骷髅头、机车等。

罗马风：主要指罗马鞋，常见设计元素有绑带。

性感风：款式具有女人味的鞋品，常见设计元素有豹纹、超高跟、镂空与蕾丝等。

OL风：OL是"Office Lady"的首字母缩写，意为"职场女性"，所以OL风格的鞋品大多表现为大方与简洁的造型，常见设计元素有高跟、平跟、水钻与金属扣等。

简约风：款式较为简单与素雅的鞋品，大多为纯色设计。

优雅风：充分展现女性优雅与妩媚气质的鞋品，相比甜美风，显得更成熟一些。

休闲风：如休闲鞋、帆布鞋、平底鞋等。

民族风：体现不同民族风格的鞋品，常见设计元素有流苏、刺绣、印花与碎花等。

图 4-12 ｜ 性感风鞋品设计

图 4-13 ｜ 优雅风鞋品设计

图 4-14 ｜ 甜美风鞋品设计

图 4-15 ｜ 朋克风鞋品设计

图 4-16 ｜ OL 风鞋品设计

图 4-17 ｜ 简约风鞋品设计

图4-18 | 复古风鞋品设计

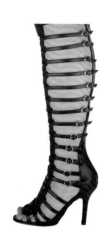

图4-19 | 罗马风鞋品设计

图4-20 | 休闲风鞋品设计

图4-21 | 民族风鞋品设计

　　为塑造男性的阳刚之气，体现男性的权威和地位感，男鞋造型设计一般要把握一种严谨、庄重、高贵或挺拔粗犷的造型风格，这种风格体现于鞋品的形态、结构式样、色彩、材质、配件、图案等造型构成要素中。男鞋的风格没有女鞋那么多，主要包括正装、休闲与运动三大类（图4-22~图4-24）。

　　正装风属于较为"中庸"的设计风格，既要有传统的大方、端庄、典雅与高贵的一面，又要有创新和个性的一面。休闲风体现出一种人们在工作之余休闲放松的生活状态，这种风格的鞋品设计不受结构式样的限制，可以是耳式的，也可以是舌式的，可以是"包子"式的，还可以是绊带耳扣式的。休闲风男鞋的鞋面材料多用天然材料如绒面革、磨砂革、压花革或肌理较粗的棉、麻织物等制成，总体设计原则为舒适性、轻松感和个性化。柔和、典雅、温暖的自然色是男休闲鞋的主要用色，咖啡色、驼色、棕色、褐色、土色、沙滩色和米色等颜色也较为常用。运动风男鞋是根据人们参加运动或旅游的特点而设计制造的鞋品，其鞋底柔软而富有弹性，能起到一定的缓冲作用，运动时能增强弹性，有的还能防止脚踝受伤。运动风男鞋的特点是图案、文字、标识、金属和塑料部件等都可作为装饰材料，装饰部位比较自由，以动感、时尚、色彩鲜艳为特征。

图4-22 | 男士正装鞋设计

图4-23 | 男士休闲鞋设计

4.4 设计草图

设计草图，也就是手稿，是设计师灵感闪现时一种快速表达和捕捉灵感并对设计关键点进行记录的工具。草图不要求表现完整的细节，只需勾勒出最关键的鞋形、结构和装饰就可以了。

鞋楦（图4-25）是一双鞋用于成型的模具，决定了一双鞋的三维轮廓，通俗来说，也就是决定了鞋品的整体形态是方头

图4-24 | 男士运动鞋设计

还是圆头、是尖头还是杏仁头，两侧的线条是弯度较大的弧线还是更直的线条等。鞋楦也决定了鞋品内部空间的大小与宽窄、脚面的薄与厚，以及脚背的高与低等。有了鞋楦，就可以开始在鞋楦上进行鞋面的款式设计与绘制了，鞋跟也可以从一个二维的楦型线条，拓展为一个立体的空间形态，等鞋品的形态与结构确定下来，就可以添加材质与明暗等细节了。

图 4-25 　|　各种形态的鞋楦

　　运动鞋的绘制则是以与地面平行的一条水平线作为鞋底的参照，以前后脚长中轴线确定前后脚掌各自的比重以及关键设计要素所在的位置，从而确定鞋面与鞋后帮区域的边界，以便进行下一步的细节设计与刻画（图 4-26~图 4-35）。

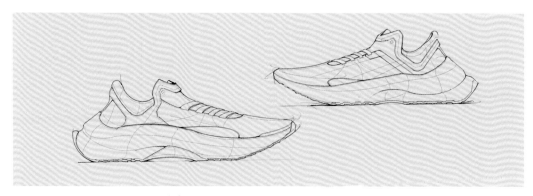

图 4-26 　|　运动鞋设计草图 1（陈庆邦绘制）

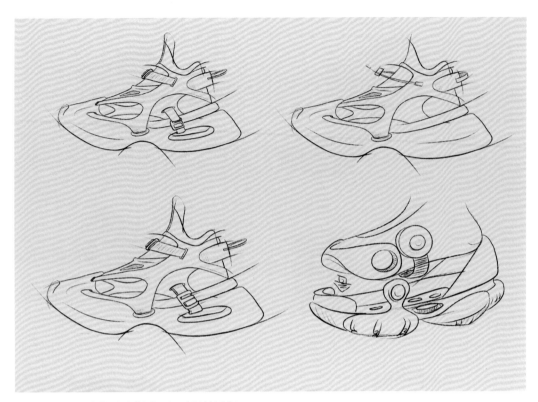

图4-27 | 运动鞋设计草图2（王晨晨绘制）

图4-28 | 单色鞋品设计草图1（韩凡绘制）

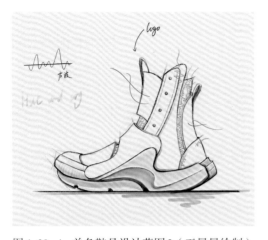

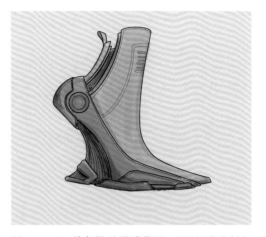

图 4-29 ｜ 单色鞋品设计草图 2（王晨晨绘制） 图 4-30 ｜ 单色鞋品设计草图 3（程梦琪绘制）

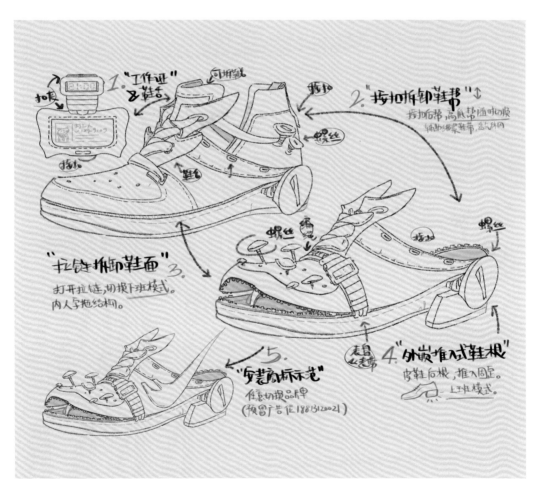

图 4-31 ｜ 单色鞋品设计草图 4（韩凡绘制）

图4-32 | 单色鞋品设计草图5（韩凡绘制）

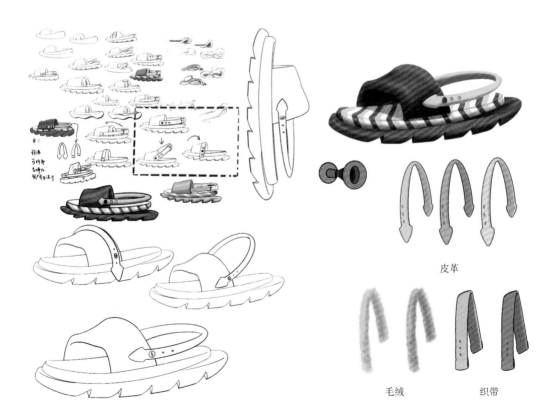

皮革

毛绒　　　　　织带

图4-33 | 鞋品彩色设计草图1（程梦琪绘制）

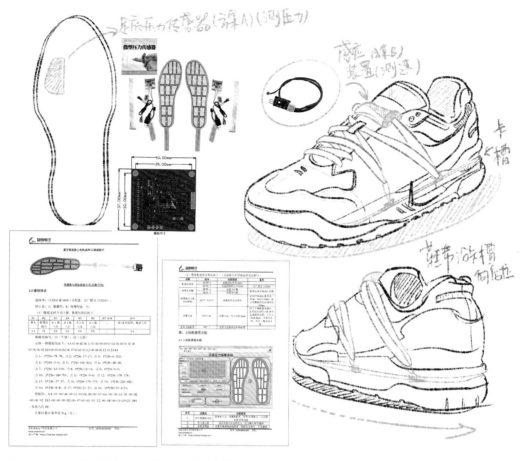

图4-34　｜　鞋品彩色设计草图2（韩凡绘制）

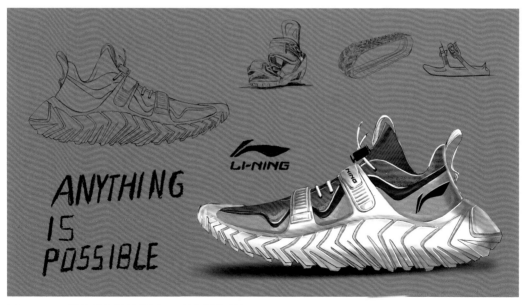

图4-35　｜　鞋品彩色设计草图3（王晨晨绘制）

4.5 效果图绘制

相比草图而言，鞋品的外观效果图则需要绘制得较为正式，需要全面展现鞋品的整体造型、比例关系、材料质感与色彩配置等，辅件的细节也需要表达清楚。相对来说，效果图用于表现已经定型的设计作品，所以，鞋品各个部分的形态、材质与色彩都应该表现得完整和准确。

4.5.1 形体空间的构建

鞋品会随着人的脚部运动而产生不同的形态，因此，在脚部做出行走、跳跃以及其他动作的时候，鞋品要保持一定的伸展性和舒适度，同时，造型上也依然要符合美观。或者说，在设计上，要考虑鞋品处于各种角度和状态时的美感，这对设计师来说无疑是一大考验。因此，设计师在绘制鞋品的手绘效果图时，一定要理解脚部的结构与动态，并通过速写练习来掌握脚部结构的造型规律。掌握了鞋品所依附的脚部形体与动态的造型规律，鞋品的绘制也就能做到符合结构、比例恰当与透视合理了（图4-36、图4-37）。

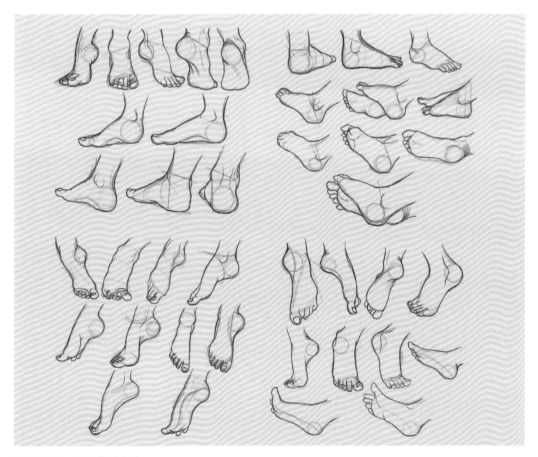

图4-36 | 脚的各种角度

图4-37　｜　鞋的各种角度

　　初期的鞋品设计图一般为单色，要求能够清晰而准确地表达鞋品的外观造型与结构。单色效果图主要表达形式为结构素描表达法，所谓结构素描表达法，就是在透视的基础上，使用黑、白、灰调子，尽可能准确地描绘物体的结构、转折、比例、连接等。结构素描表达法可以帮助我们在脑海中将鞋品分解为不同的几何形体，如矩形、梯形、圆形等，然后按照透视规则，将这些形体重组，最后描绘到纸上。结构素描表达法仿佛赋予了我们透视功能，让我们能够看穿物体，使我们不仅能看到物体的外观，也能看到物体内部的形体与结构（图4-38、图4-39）。

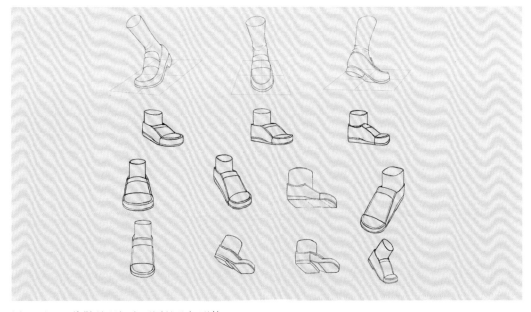

图4-38　｜　将鞋品理解为不同的几何形体

4.5.2 鞋品的不同角度

绘制鞋品设计草图时，通常以一个最主要的正侧面作为主要描绘的核心，将其细节各部分尺寸描绘完成后，根据同等位置的不同视角，画出对应的状态，这样，观者就可以在心中对这款鞋的整体造型和360°的形象产生完整的感受（图4-40）。

4.5.3 绘制步骤

鞋品因功能和风格的不同而造型多样，表现形式也因材质、肌理、色彩和图案的不同而方法有别，但绘制步骤基本包含线稿造型、基本光影表现、三面色彩描绘、细节刻画与整体效果调整这几个步骤。

（1）漆皮女士踝靴绘制（图4-41）

图4-39 | 鞋品素描表达法（朱丹绘制）

图4-40 | 鞋品的各种角度

步骤1 用简洁的线条，将鞋子的边缘和展示角度确定下来，尽量用直线来画，可以借助直尺等工具。

步骤2 将踝靴的轮廓线条连贯起来，使之流畅，并闭合为一双踝靴的完整轮廓线稿。

步骤3 用中灰色作为基本色，大面积铺满整个踝靴，个别细节可涂成深红色、黑色和灰黄色。漆皮的反光较多，色调也较为丰富，明暗对比较大，所以，用覆盖性强的水粉颜料来绘制比较适合。

步骤4 根据漆皮反光强烈、皱褶明显、光滑流畅的特点，用深浅不同的色彩描绘漆皮的影调，丰富鞋面的层次。

步骤5 进一步描绘漆皮的整体效果，在最深的色调旁添加环境色，注意环境色与皱褶的起伏方向保持一致，注意越柔软的面料弯曲的褶皱越多。

步骤6 画好深色皱褶阴影和环境色之后，描绘高光。漆皮的反光性很强，高光也同样十分明亮，因此可用接近纯白色的浅灰色和纯白来描绘高光。

图4-41

步骤7 用最细的笔来描绘车线线迹、拉链等一些细节，有的地方即使面积微小，也要画出高光和暗部，从而增强立体感。添加投影，完成漆皮女士踝靴的绘制。

图4-41 | 漆皮女士踝靴绘制步骤（姜文锜绘制）

（2）女士高跟鞋绘制（图4-42）

步骤1 用简洁的线条，将高跟鞋的边缘和展示角度确定下来，尽量用直线来画，可以借助直尺等工具。

步骤2 将高跟鞋的轮廓线条连贯起来，使之流畅，并闭合为一双高跟鞋的完整轮廓线稿。

步骤3　用深浅不同的薄荷绿大面积铺满整个高跟鞋。小牛皮的表面比较细腻，反光很柔和，所以，用水彩颜料加彩铅来绘制比较适合。

步骤4　根据小牛皮反光柔和、无明显皱褶、鞋面光滑流畅的特点，用深浅不同的颜色描绘小牛皮的色调，丰富高跟鞋的层次。

步骤5　用0.1mm的针管笔勾勒鞋舌上的装饰花纹。

步骤6　将装饰花纹用深浅不同的色彩填满，从而拉开与底皮的层次感，但也要注意与整体鞋面保持一致的明暗关系。

步骤7　用细笔来描绘针孔与车线，画出高光，添加内里色，描绘投影，完成女士高跟鞋的绘制。

图4-42 ┃ 女士高跟鞋绘制步骤（姜义锜绘制）

（3）男士休闲鞋效果图绘制（图4-43）

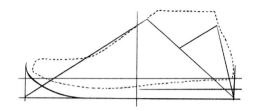

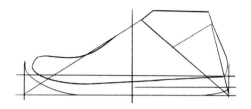

步骤1 休闲鞋或运动鞋的侧面一般是最佳表现角度，所以绘制效果图时一般选择正侧面。用一个三角形建立基本轮廓，再画几条辅助线，其中一条为与地面平行的水平线，以其确定鞋底的厚度和坡度；再一条是垂直中线，对鞋前后帮的边界进行大致的区分。然后用虚线勾画鞋楦的轮廓。

步骤2 确定好比例与角度之后，结合鞋楦的形状，勾画出休闲鞋的外轮廓。

步骤3 用单线条勾画休闲鞋内部与外部的形态，清晰准确地呈现休闲鞋的鞋面、鞋底与辅件，擦去辅助线。

步骤4 用咖啡色和中灰色在鞋面、鞋底与鞋后帮的相应位置涂抹，表现休闲鞋制作材料的固有色，涂色时可保留部分笔触。

步骤5 用较深的咖啡色和灰色加强色调的明暗对比关系，表现休闲鞋的立体感。

步骤6 进一步描绘车线线迹、鸡眼和织带，保留部分笔触，使画面具有层次感。

步骤7 仔细描绘海绵EVA托料部分，增强它的立体感，并进一步描绘鞋底，保留部分笔触，使鞋底具有厚重感和层次感。

步骤8 画出高光与网眼等细节，添加投影，整体调整一下色调与明暗关系，完成男士休闲鞋效果图的绘制。

图4-43 | 男士休闲鞋效果图绘制步骤（刘雨桐绘制）

（4）马丁靴效果图绘制（图4-44）

步骤1 依据两点透视的原则画线，确定马丁靴的外轮廓与尺寸比例。尽量用直线来画，可以借助直尺等工具。

步骤2 用单线条进一步勾画马丁靴的外部轮廓、鞋舌、鞋帮、鞋头与鞋底。

步骤3 仔细勾画马丁靴的所有组成部分，用线条充分展现马丁靴的形态与结构细节，比如绑带的结构与穿插关系。擦去辅助线。

步骤4 用较浅的棕灰色涂抹一遍颜色，表现马丁靴的鞋面色泽，用较深的赭石色涂抹鞋底、鞋带后面的皮革以及马丁靴的内里。

图4-44

步骤5 用偏红的棕灰色涂抹马丁靴的鞋面，可保留部分笔触，增强鞋面的光泽感和层次感。

步骤6 用较深的红棕色涂抹马丁靴的鞋面，留出高光的位置，仔细描绘鞋带与鸡眼。

步骤7 进一步描绘马丁靴的鞋面，用亮白色画出高光，用浅蓝色画出环境色，并用较浅的红棕色进一步描绘鞋带与鸡眼周边的部位。

步骤8 在高光部位添加细节，画出手缝线、鸡眼高光与鞋带高光，整体调整一下色调与明暗关系，完成马丁靴效果图的绘制。

图4-44 | 马丁靴效果图绘制步骤（刘雨桐绘制）

思考与练习

1.请挑选一款鞋品，用10分钟进行手绘速写。要求透视准确、结构交待清晰，线条流畅，并能表达鞋品的材料质感。

2.以千禧年Z世代为目标画像，结合当下流行趋势，进行手绘快题创作练习，在一小时内绘制10张手绘图，分别为运动鞋款5张、时尚潮鞋款5张。要求款式新颖，风格鲜明，色彩搭配协调，细节设计到位。

3.对自己的原创鞋品设计手稿进行精细效果图绘制，限时2.5小时。要求透视准确，形态生动，风格鲜明，设计点突出，质感表达准确逼真，细节刻画到位，可带有部分背景或人物，以便更完善地表现鞋品的使用场景。

第5章

腕表设计效果图绘制与表达

腕表是一种能佩戴的便携式计时工具，其制造结构精密而复杂，是人类科技与智慧的结晶。腕表能够随身携带，使用方便，随着技术与艺术的不断发展，腕表的功能和面貌日益多样化，不仅满足了人们对计时功能的需求，也满足了人们对时尚生活的追求（图5-1）。如今，腕表的类型非常多，有机械表、电子表、晶体管摆轮表、石英表、光波表、潜水表、天文台表、计时码表、音乐表、智能表等，可谓琳琅满目。

图5-1 | 现代腕表设计作品

5.1 腕表的结构

腕表主要由机芯、表盘、表针、表冠、表壳、表镜、后盖、表带（链）及其他部件组合而成（图5-2）。

机芯作为腕表的心脏，其品质决定了腕表的成败。机械腕表机芯上一般会镶嵌钻石，除了为了美观，更主要是为了减少机械腕表内部的磨损。机械腕表机芯中的原动系是将上紧发条所产生的弹性势能作为能源贮存起来，在腕表运行过程中，发

图5-2 | 腕表主要的外观部件

条再将弹性势能转化为机械能释放出来，从而带动轮系转动，维持振动系统不衰减地振动，进而带动显示系以及附加机构日历、周历、月历等的运动。

表盘相当于腕表的"脸面"，在腕表设计中有着至关重要的作用。表盘的种类较多，因工艺技能的不同，有调速表、世界时间表及防水表等；根据用材的不同，有镶钻表、纯金表、铂金表等。为了丰富设计效果，表盘也常采用不同的工艺和结构。例如，在金属表盘的表面进行磨砂处理、油压放射纹等，或采用珐琅彩绘、立体浮雕、无痕镶嵌、拼接等制表工艺。

表针是显示时间的重要部件，一般的腕表都有时针、分针及秒针三种，特殊情况除外。

表冠俗称"表把儿"，最常见的位置为三点位外侧。表冠是调节表针（时间）、日期

（日历）的重要部件，多为手动。

表壳的作用是包容并保护手表的机芯等内在部件，其形状分为圆形、方形、桶形、蛋形等。表壳有如人体的躯壳，除了直接呵护手表的"内脏"外，同时很大程度地决定了手表的各项性能指数，如防水度、防尘性能、防磁性能、抗震性能等。

表镜是腕表表面的透明镜片，用来保护表盘。

后盖的作用是固定机芯，防尘、防水等，背面可腐蚀文字及图案作为装饰，有三种装配方式：按盖（直接与表壳紧密配合，防水性较差）、拧盖（表壳与后盖上均有螺纹，可拧紧，防水性强）、螺丝底（表壳与后盖采用螺丝固定，一般多见于方形表壳，防水性强）。

表带能够实现腕表的佩戴，从材质来讲，一般分为金属表带和皮质表带，其中金属表带又分为实心带和片带，实心带又分为散珠带和整珠带，片带又分为切边带和包边带。从结构来讲，表带又分为链式和带式两大类，也有一些设计师为了满足女性顾客的爱美需求，将表带打造成基于美观的创意类造型。

5.2 材质

腕表的不同部件会选择不同的材质来制作，这是由不同部件的功能来决定的。

表壳由表圈、固定机芯的表环及后盖所组成，用来安装机芯、表盘和表镜，以及其他用来防尘、防湿和防机械损伤的结构。表壳的材料一般为不锈钢，也有钨钢、铂金、K金、玫瑰金（图5-3）、陶瓷、钛合金、铝、铜、锌合金、塑胶表壳等，不常见的有木材、铁、纤维、纯银表壳以及黄金表壳等。主流的腕表多为不锈钢表壳，分为316L精钢和314L钢。钨钢表壳的色泽更靓，更有质感，而且比不锈钢表壳更耐磨损，但是比较脆，所以钨钢表壳手表不能摔。陶瓷多用于腕表的表圈和表带。其中陶瓷和钨钢的成本都比不锈钢要高，如果喜欢更具质感的腕表，男士可以选择钨钢腕表，女士可以选择陶瓷腕表。合金壳的加工工艺简单，生产周期短，产量大，价格低，近几年发展比较迅速。铜壳具有易加工、美观、防水性能好、表面耐磨及抗腐蚀等方面的优点，属于高、中档类表壳。钢壳的加工比较复

图5-3 | 欧米茄（Omega）玫瑰金腕表

杂，产量小，价格偏高，一般多用于高档电子表、机械或机械全自动手表，属于高档表壳。钨钢壳的加工难度大，不易磨损，为高档表壳。

依照属性不同，表带可分为链带、皮带、绢制及橡胶表带等。按材质主要有金属表带和皮革表带。金属表带有贵金属（铂金、黄金、钛金属）、精钢（不锈钢等）和钨钢等，一般搭配正装腕表比较多，显得比较商务。皮革表带大多为真皮表带，有鳄鱼皮、小牛皮、山羊皮、魔鬼鱼皮、沙蛇皮、鸵鸟皮、蜥蜴皮、鲨鱼皮等。其中鳄鱼皮价格比牛皮高，但是质地没有牛皮软。一般新到手的真皮表带会偏硬，随着佩戴的时间越来越长，会逐渐变软。还有一些手表采用橡胶表带，与鲨鱼皮天然的防水性相比，橡胶表带虽为现代高科技产物，但其价格较低且防水性佳，是许多运动表款的最佳拍档。例如，斯沃琪（Swatch）以及一些运动品牌，都选用橡胶表带来设计运动表款式。此外，还有尼龙表带，具有轻便、拆卸方便、色彩多样的特点，显得异常时尚。

常用的表盘材质大致可分为金属、珐琅、珍珠母贝及碳纤维。从工艺角度来讲，表盘一般采用黄铜基底，表面进行电镀、喷漆、喷涂搪瓷等上色处理，表面贴母贝、碳纤维的也较常见。总的来说，表盘可分为普通金属表盘、外壳表盘、中空表盘、搪瓷表盘等。金属表盘分为925银表盘和烤漆表盘，其中烤漆表盘主要以黄铜为材质，是最普遍的一种表盘。此外，碳纤维具有纤维般的柔曲性，重量轻，且拥有碳元素的各种优良性能，如耐腐蚀、耐热等，所以，碳纤维也常用于运动表款式的设计中（图5-4）。

图5-4 | 宇舶（Hublot）碳纤维材料腕表

目前来看，有机玻璃材质的表镜在低端腕表中较常使用，而更多高端腕表会选择蓝宝石来制作表镜，蓝宝石表镜的硬度非常高，可以起到非常好的保护作用。表镜一般分为三种：蓝宝石水晶镜面、矿石玻璃镜面和亚克力玻璃镜面。蓝宝石水晶镜面的莫氏硬度为9，仅次于钻石，与氧化铝合成后具有高抗磨损与防腐蚀的效果。矿石玻璃镜面的莫氏硬度为5，通常于抛光后再加强硬度，但硬度仍略逊于蓝宝石水晶镜面。亚克力玻璃镜面为塑胶材质的一种，价格较低廉，方便加工及抛光，不易碎裂，但易磨损。表镜的主要功能为保护表盘，外形略有弧度。

5.3 创意设计

时至今日，传统机械腕表的地位受到了来自各种智能数字腕表的挑战，但无论如何，腕表作为时尚配饰的地位却从未被动摇过，越来越多的腕表品牌都在传统腕表设计的基础上加入了创意的、时尚的元素，以求达到或满足现代人士追新求奇的心理需求。此外，作为配饰的一种，腕表与服饰的搭配作用也日益凸显，不可否认，腕表曾经只是一件可以计时的工具，但随着科技的发展，它的计时功能渐渐隐退下来。反之，其造型和装饰功能日益加强，同手镯一样，腕表成了腕部的主要装饰，腕表实现了从实用品到装饰品的华丽转身，所以腕表与服装的搭配也逐渐被人们所重视。腕表的样式极多，人们无论穿着哪一类服装，都会找到与其相配的腕表款式。从设计款式的角度来讲，腕表有几大类：豪华型、普及型、运动型、学生表和时装表。豪华型腕表价格极高，通常镶嵌有珠宝，造型华丽，适合与正装或礼服搭配；普及型腕表的价格十分亲民，样式中规中矩，佩戴极广；运动型腕表一般都是电子表或智能表，除了显示时间，还有播放音乐、闹铃、防水、防震及夜光等功能，价格不等，适合运动人群佩戴；学生表通常款式新颖时尚，简洁富有个性，物美价廉；时装表则是具有创意性的一类，装饰性较强，色彩丰富，多为青年女士喜爱，适合搭配休闲装。

从某种程度来讲，腕表是一种十分精密的仪器，故而腕表的设计具有理性的特点。然而从时尚的角度来说，腕表的外观设计是最能体现时尚性与装饰性的，所以，腕表的外观设计便成了我们关注的重点。腕表的外观设计主要集中于表盘、表带、表壳、表针等的设计，以表盘与表带上做的设计为最多。

腕表设计行业中，表盘被称为"盘脸"，顾名思义，表盘就好像一个人的脸面一样。同样一只表壳，配上不同图案和材质的表盘，可以达到不同的视觉效果，表现出不同的审美趣味，所以表盘的设计至关重要。我们可以看到许多设计师都是在表盘的设计上下足了功夫，才使得自己设计的腕表具有不同的艺术风格，仪态万千。例如，珍珠母贝材质的表盘多与女表搭配，母贝多为贝壳类动物的外壳，母贝材质表盘的纹路十分微妙，变化多端，它跟人的指纹一样，都是独一无二的，而且在阳光的照射下它还会折射彩色的光芒，十分美丽，所以珍珠母贝材质的表盘适合应用到女表的设计中。另外，碳纤维材质的表盘常用于运动腕表的设计中，显得干练。而镂空工艺表盘、珐琅彩表盘，由于其精细的工艺性和极强的装饰性，凸显高贵气质，则适合应用到高端腕表的设计中。

珐琅表盘依照做法不同，可分为微缩掐丝珐琅、镂刻彩绘珐琅、掐丝彩绘珐琅，以及单色珐琅等四种，除了单色珐琅的价格较平易近人外，其余都属高级表款之列（图5-5）。

镌花雕刻及镂空表盘也很受欢迎，雕工精细的镂空表盘可透视机芯及构造，堪称腕表机械艺术典范。雕刻工艺能在表盘或机芯零部件的不同部位进行，表壳上的雕刻图案一般都经过特别的设计。这是一项非常耗时的工艺，仅装饰一枚表壳就需要超过一周时间。雕刻创造出耀眼、跳跃的线条，以及光影的变幻，是狭小而坚硬的金属画布上极具开创性的艺术创作。雕刻工作开始之前，艺术家会用铅笔描绘出要雕刻的主体图案及细节，再用雕刻刀或錾刀进行雕刻，借助专业的雕刻工具，艺术家可以在金属表面刻画出细节丰富的图案（图5-6）。

此外，还有与宝石镶嵌工艺相结合的表盘设计，这种镶嵌宝石的表盘显得璀璨无比，彰显皇家高贵气质（图5-7）。

图5-5 ｜ 伯爵（Piaget）腕表的珐琅表盘设计

图5-6 ｜ 百达翡丽（Patek Philippe）的雕花表壳设计

图5-7 ｜ 宝玑（Breguet）高级珠宝腕表系列

在设计表带时，我们一般会选择与表壳匹配的设计风格，尽量与表壳的材质保持一致，以达到统一的视觉效果。当然，有一种情况可以除外，那就是任何材质的表壳都可以与皮质表带相匹配，效果也比较理想。动物皮质因为可以上色处理，所以皮质表带的色彩十分丰富，尤其是时尚腕表系列，皮质表带的色彩都会艳丽丰富，配于腕间，瞬时成为亮点，尽显时尚魅力。皮质表带也会为佩戴者增添儒雅的气质，商务休闲佩戴皆宜（图 5-8）。

图 5-8　｜　色彩缤纷的时尚表带设计

腕表链带主要由一个个小金属片连接组合而成，经多种排列组合，让佩戴者感到服帖舒适才是腕表链带的终极目标。为此，许多品牌不约而同为女表搭配如丝绸般柔软、可翻转的链带，不但能完全服帖手腕，也能充分表现女性纤柔的一面。而由动物皮或合成皮制成的皮带，样式也不断翻新。

表壳对腕表的主体外观造型起到了决定性的作用，它就像腕表的门面，除了要能保护机芯外，赏心悦目的外观当然也不能少。常见的表壳形态有圆形、方形、桶形、蛋形等，但对于现代腕表设计师来说，这些形态有点太中规中矩了，现代人追求新奇的心理，驱使现代腕表设计师在表壳形态的设计上，不断创新。目前来讲，最时尚的表壳形状就属线条流畅的酒桶形了。酒桶形又称樽形，诞生于 20 世纪初，由卡地亚首创，其设计灵感来自储存葡萄酒的大型橡木桶（图 5-9）。

此外，较具代表性的表壳形状还有椭圆形、八角形、六角形、马蹄铁形、不规则的盾形、异型，以及圆中带方的椅垫形、宽长如电视荧幕的横长方形表壳等，在强调创意之余，也同时把自家品牌的特色展露无遗（图 5-10）。

图 5-9　｜　伯爵腕表的酒桶形表壳设计

　　柏莱士（Bell & Ross）在军表领域一直备受推崇，这一系列的腕表采用精钢材质打造，表壳设计独一无二，表盘装饰着骷髅头，线条十分硬朗（图5-11）。

图5-10 ｜ 萧邦（Chopard）猫头　　图5-11 ｜ 柏莱士创意表壳设计
鹰形表壳设计

　　独立制表概念实验室MB&F的创意总是石破天惊。这款造型独特的腕表表盘，突出的四个半球体指示区让人联想到科幻小说里月球上供人居住的建筑物（图5-12）。

图5-12 ｜ MB&F腕表的表壳设计

汉米尔顿（Hamilton）腕表三角形的外观科技感十足，采用不锈钢打造的表壳突破常规的条款，与网状镂空的黑色表盘、黑色橡胶表带，形成强烈对比，视觉冲击力极强（图5-13）。

图5-13　Ι　汉米尔顿腕表的三角形表壳设计

在腕表设计中，腕表的每个零部件都是不可忽视的细节，任何微小的变动都会带来整体设计的变化。腕表佩戴者观看频率最高的就是腕表的表针，表针是一种薄而轻的金属片，在动力的驱使下，表针有规律地在表盘上画出一道道优美的线条，小小的表针中也蕴含着很多设计美学和独特的创意。

从机械结构上来讲，表针对装配技术的要求特别高，如果表针的避空设计很小，那么装配的误差就需要更小，否则表针之间就会互相摩擦，甚或与表镜摩擦导致停走或擦花。所以一般的腕表设计都会把避空设计得大一点，从而有足够的空间来容纳表针的运转。这一点需要在设计表针时考虑周到，不能把表针的厚度设计得太厚，也不能把表针设计成浮雕的形态。

表针的形状很多，古怀表有甲虫针（beetle hand）、火钳针（poker hand）、路易十五针、宝玑针。现代腕表最常见的表针造型大致上可分为十种左右，如宝玑针（breguet hand）、柳叶针（leaf hand）、剑形针、太妃针（俗称大柳叶针，dauphine hand）、Alpha针、棒形针、菱形针、黑桃针、钻石针（diamond hand）等，其他强调品牌创意的表针也为数不少，不过由于指针的重量会影响时间准确度，因此不论指针的造型如何变化，材质还是以常见的黄铜、K金，或是蓝钢为主（图5-14）。

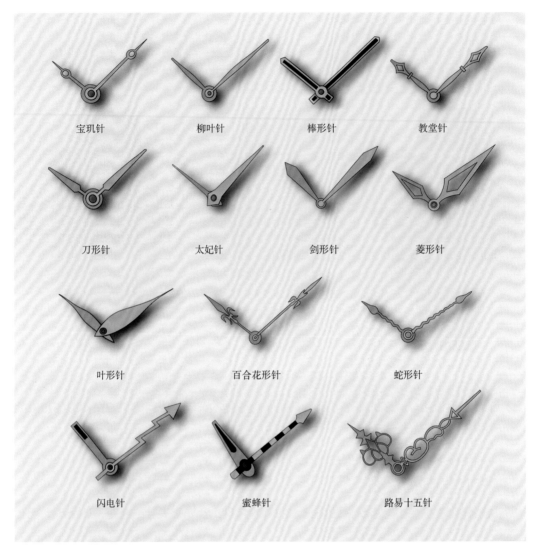

图5-14 | 各式表针设计

　　时标是在表盘上指示小时的刻度记号，一般采用以小金属条制作，有时也会用金属圆点、钻石、绿宝石、红宝石或蓝宝石制造而成。时标有多种，包括刻度时标、阿拉伯数字时标、罗马数字时标、钻石时标等。时标亦是设计的重点所在，能直接影响腕表的外观设计。

5.4　设计草图

　　腕表设计草图是一种快速记录灵感来源和设计概念的工具，要求大致表现腕表的整体造型、比例、结构关系、色彩倾向、材质、表面处理等信息，草图的表现效果并不要求精确，而精确的产品设计图要等到设计稿敲定之后才会绘制。

　　绘制草图的工具十分多样，常用的画笔有铅笔、钢笔、签字笔、彩色铅笔、马克笔、水彩笔、水粉笔、色粉笔、蜡笔等，常用的颜料有水彩、水粉、水色、丙烯等，常用的纸张为素描纸、速写纸等。绘制草图时，一般不会借助诸如三角板、直尺、圆规、模板等辅助工具。

　　草图分为单色草图与彩色草图两种。单色草图最大的特点就是"快速"，大多数设计草图都由黑色或单色绘制，其线条简洁而流畅，极富动感韵律。腕表设计中，我们常常会绘制单色草图，迅速记录和呈现我们的设计概念和思路，把创意快速表现在纸上，以待下一步的推敲和完善（图5-15～图5-17）。

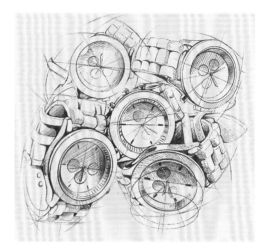

图5-15 ｜ 腕表的单色设计草图1（李逸同绘制）

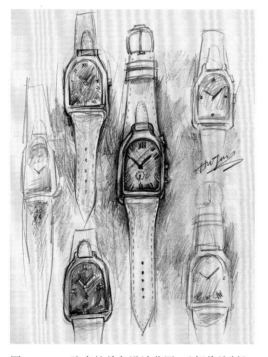

图5-16 ｜ 腕表的单色设计草图2（胡俊绘制）

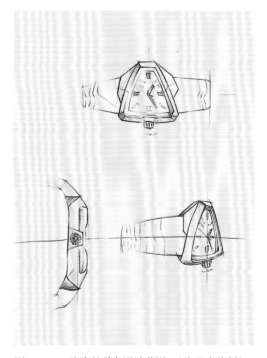

图5-17 ｜ 腕表的单色设计草图3（朱登宇绘制）

　　我们也可以在草图中书写文字，记录我们在构思过程中一闪而过的想法，包括对形态、材料、制作工艺等方面不断涌现的思考，这些文字信息为我们下一步的设计提供了十分重要的参考（图5-18）。

　　彩色草图在记录色彩、材料质感、整体视觉效果等方面具有优势。我们可以在单色草图的基础上，施以色彩，从而记录相应的色彩信息，以便观察腕表的材料质感与整体色彩效果（图5-19~图5-22）。

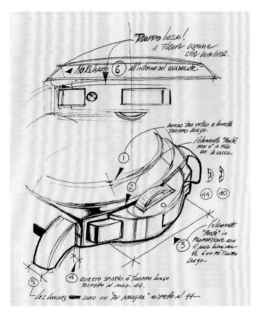

图5-18 ｜ 腕表的表壳设计草图

图5-19 ｜ 腕表的彩色设计草图1（胡俊绘制）

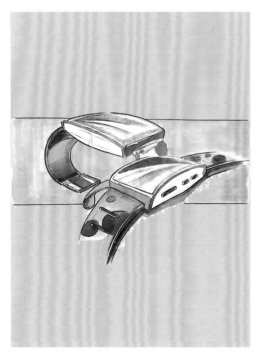

图5-20 ｜ 腕表的彩色设计草图2（黄梓涵绘制）

图5-21 ｜ 腕表的彩色设计草图3（李逸同绘制）

图5-22 | 智能腕表的彩色设计草图（王煜鑫绘制）

5.5　效果图绘制

相比草图而言，腕表的外观效果图则需要绘制得较为正式，需要全面展现腕表的整体造型、外部结构、比例关系、材料质感、色彩配置等，局部零件细节也需要表达清楚。相对来说，效果图用于表现已经定型的设计作品，所以腕表各个部件的形态、材质与色彩都应该表现完整和准确。

腕表设计效果图的绘制步骤一般为勾勒外轮廓、绘制表盘及与表针、绘制表带、描绘明暗关系、整体着色等。

5.5.1　单色腕表效果图绘制（图5-23）

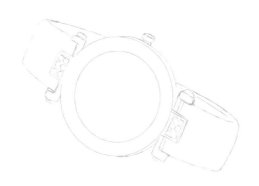

步骤1　线条勾勒出手表的整体形状和大致结构，包括表壳、表圈、表冠、表耳和表带的形状。

步骤2　再勾勒表盘、时计与表针等细节，描绘腕表的明暗调。

步骤3　给表盘描绘一层暗调子，表示其固有色为深色。表圈为中间调子，描绘一层浅灰色。

步骤4　把时计与表针的调子提亮，使它们得以突出。加深表盘的边缘部分，使表盘的明暗对比得到加强。给表带画一层浅灰色。

步骤5　进一步描绘表圈，强调表圈的金属质感，再画出表带的明暗与纹理效果，添加阴影。

步骤6　在表耳、表壳的暗部添加一些反光，增强腕表的立体感，完成腕表的效果图绘制。

图5-23　|　单色腕表效果图的绘制步骤（肖雨菲绘制）

5.5.2 彩色腕表效果图绘制（图5-24）

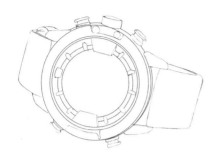

步骤1 借助一定的工具和模板，比如圆规和圆形模板，勾勒出腕表的整体形状和大致结构，包括表壳、表圈、表冠、表耳和表带的形状。

步骤2 把蓝色和黑色水粉色相混合，调配出深浅不一的灰蓝色，涂抹于表壳、表盘、表耳与表冠等处，注意不同明度之间的颜色的过渡要柔和。用黑色描绘表盘和表带。

步骤3 描绘表盘的细节，塑造表耳的结构，利用深浅不一的色调描绘出表壳、表耳和表冠的钛金材料的色泽与质感，在表盘描画浅一点的黑色，使表盘的颜色有明暗变化。

步骤4 用白色线条表现表圈的细节，用黑色和灰蓝色绘制表圈的刻线，调整线稿，添加表盘外圈的刻度凹槽等细节，进一步刻画表带和表壳外圈的按键的明暗关系。

步骤5 继续用白色刻画表盘的细节，画出时计数字，描绘表壳外圈按键的金属材料质感以及表圈的磨砂效果，细化螺丝、按键等配件的明暗，轻轻勾出皮质表带的缝线。

步骤6 用黄色绘制表盘的数字，用黑色线条绘制表冠的刻线，用红色和白色绘制品牌标识，最后绘制表针，完成腕表的效果图绘制。

图5-24 | 彩色腕表效果图的绘制步骤（肖雨菲绘制）

5.5.3 竹质表圈腕表彩色效果图绘制（图5-25）

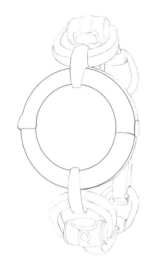

步骤1 借助一定的工具和模板，比如圆规和圆形模板，勾勒出腕表的整体形状和大致结构，包括表壳、表圈、表冠、表耳和表带的形状。

步骤2 用深棕色平涂竹质表圈以及表链中的竹节部分，把深浅不一的灰色涂抹于表壳、表耳与表链等处的暗部，注意这些部位的明暗变化。用黑色和土黄色调和而成的灰黄色描绘表盘。

步骤3 在竹质表圈的亮部描绘竹子材料固有的浅黄色纹理，使竹质表圈具有立体感。刻画金属链条的亮面、灰面和阴影，加深转折处的明暗对比。

步骤4 进一步画出竹质表圈中的斑点及纹路，加强竹子材料的质感。

步骤5 最后在表盘描画表针、罗马数字时计，并画出表针的投影，完成竹质表圈腕表的效果图绘制。

图5-25 | 竹质表圈腕表彩色效果图绘制步骤（肖雨菲绘制）

5.5.4 智能腕表彩色效果图绘制（图5-26）

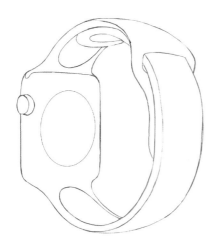
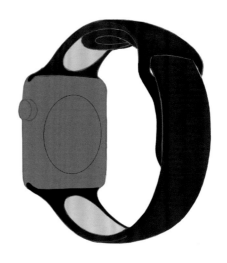

步骤1 借助一定的工具和模板，比如圆规和圆形模板等，勾勒出腕表的整体形状和大致结构，包括表壳、后盖、表冠、表耳和表带的形状。

步骤2 用偏红的中灰色平铺表盘，用黑色和深灰色描绘表带的底色，区分表带大致的明暗关系，并用明黄色平涂表带内圈。

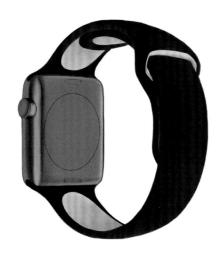

步骤3 用深浅不一的偏红中灰色画出表壳、表冠与后盖的明暗关系，画出反光，强调其金属质感。进一步描画表带的明暗色调。

步骤4 深入描绘后盖的显示屏及其图形，在表带外圈添加黄色圆圈，表带内圈画浅灰色圆圈。

图5-26

步骤5 画出表带上的孔洞，使腕表的整体呈
现较强的立体感，完成智能腕表的效果图绘制。

图5-26 | 智能腕表彩色效果图绘制步骤（肖雨菲绘制）

5.5.5 儿童腕表彩色效果图绘制（图5-27）

步骤1 借助一定的工具和模板，比如圆规和
圆形模板等，勾勒出腕表的整体形状和大致结
构，包括表壳、表冠、表耳和表带的形状。

步骤2 进一步勾勒腕表内部的结构线条，添
加细节。

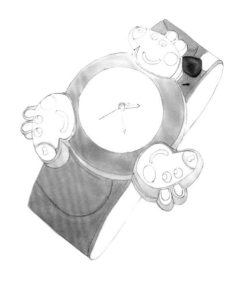

步骤3　用纯度较高的蓝色和粉红色描绘表带。

步骤4　用钴蓝色绘制表盘与表盘上的卡通装饰部件。

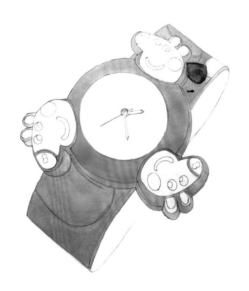

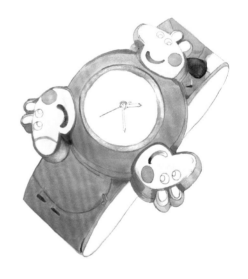

步骤5　进一步细化表盘的描绘。

步骤6　用较深的深灰色描画暗部，加强明暗对比，用明亮的黄色和淡紫色描画卡通装饰部件的亮部。

图 5-27

步骤 7 进一步加深明暗对比，注意暗部与亮部的过渡要自然。

步骤 8 描画表针和投影，在细节部位如卡通动物的眼睛和嘴部等处，勾勒线条，突出细节形象，并作整体调整，完成儿童腕表彩色效果图的绘制。

图5-27 | 儿童腕表彩色效果图绘制步骤（肖雨菲绘制）

思考与练习

1.概述腕表制作的不同材质及其特点，思考材质与设计之间的关系。

2.设计并绘制3种不同表壳造型的腕表。要求这3款腕表具有统一的设计语言，呈现为系列作品，设计图为彩色效果图。

3.以"生命"为题，设计3款表针，要求主题突出，造型简洁实用。

第6章 眼镜设计效果图绘制与表达

眼镜因实用而产生，主要作用是矫正视力，如近视镜、老花镜等。后来逐渐又产生了各种以实用为目的的护眼镜，如防风镜、遮阳镜、防红外线眼镜、防水眼镜等。但发展至今，眼镜早已不是仅用于矫正视力的医疗器具，还是一种面部饰品，通过与服饰、化妆品的完美搭配，改变我们的形象。人们对眼镜的装饰作用越来越感兴趣，夏天戴太阳镜，护眼又时尚，于是设计师也开始对眼镜的造型关注起来，设计出许多装饰性更强的眼镜，使其成为服饰搭配中不可或缺的配饰品。通过造型、材料、色彩、形状、纹理等方面的创新设计，眼镜唤起了我们对美好时尚生活的向往与追求，眼镜因而成为非常令人喜爱的时尚配饰（图6-1）。

图6-1 ｜ 现代眼镜设计作品

6.1 眼镜的结构

眼镜的基本结构由镜框、镜腿、镜片、鼻梁、铰链、鼻托、鼻托支架、脚套、桩头、撑片、镜框锁紧块等组成，其中必不可少的部件是镜框、镜腿、镜片、鼻梁和铰链。由于眼镜的功能不同，其组成部件也会有所增减，但主体结构基本保持一致（图6-2）。

镜框（镜圈）：为镜片的装配位置，借助金属丝、尼龙丝、螺丝、沟槽或钻孔来固定镜片，它直接影响镜片的切割和眼镜的外形。

镜腿：挂在两耳上固定整个眼镜的曲杆，包括从铰链中心至镜腿末端的扩展长度。

镜片：采用玻璃或树脂等光学材料制作而成的具有一个或多个曲面的透明材料，打磨后与镜框装配在一起。

鼻梁：连接两个镜圈或直接与镜片固定连接的部件。

铰链：用来连接镜框和镜腿，控制镜框和镜腿的开合。

鼻托：左右各一片，位于鼻梁两侧以支撑镜框的部件。

鼻托支架：连接鼻托和镜框的部件，起到支撑鼻托的作用。

脚套：装配在镜腿的末端，起到防滑的作用，使佩戴更舒适。

桩头：位于镜框的左右两端，用于装配铰链。

撑片：又称衬片，安装在左右镜框之内，起到支撑镜圈和美观的作用。

镜圈锁紧块：位于镜圈端点处，用螺丝连接，以固定镜片。

眼镜有多种多样，按照实际用途可分为普通眼镜、护目镜、太阳镜、智能镜、装饰镜等。普通眼镜多为近视眼镜、老花眼镜、防辐射眼镜等，

图6-2 | 眼镜的结构

作用是改善视力。护目镜款式较多，单纯的防风护目镜多采用透明镜片，但更多的会采用半透明甚至遮光能力更好的太阳镜片。太阳镜的作用是遮光护眼，镜片一般使用半透明或不透明的材质。智能眼镜，也称智能镜，它像智能手机一样，具有独立的操作系统，可安装软件、游戏等软件服务商提供的程序，还可通过语音或动作操控完成添加日程、地图导航、与好友互动、拍摄照片和视频、与朋友展开视频通话等功能，并可以通过移动通信网络来实现无线网络接入。纯装饰性眼镜可以看作是纯粹的配饰，其镜片材质无拘无束，甚至可能没有镜片，整个眼镜的附加装饰元素较多。

6.2 材质

眼镜的主要构件为镜框、镜腿、镜片、鼻梁和铰链等。而镜框和镜腿组成了眼镜的镜架。镜架从材质来分类主要是三大类：金属、非金属材料和天然材质。

金属材料有铜合金、镍合金和贵金属三大类。要求具有一定的硬度、柔软性、弹性、耐磨性、耐腐蚀性，以及重量轻、有光泽和色泽好等。因此，用来制作眼镜架的金属材料几乎都是合金。铜合金的耐腐蚀性较差、易生锈，但成本较低、易加工，经表面加工处理后，常用于低档镜架的制作。镍合金的耐腐蚀性比较好，且不易生锈，其机械性能也好于铜合金，所以金属镜架采用镍合金材料较多，属中、高档产品。贵金属有K金、白银、钛金等，成本较高，一般用于高档眼镜的制作（图6-3）。

非金属材料主要是合成树脂，分为热塑性和热固性树脂两大类。其中主

图6-3 | 贵金属镶嵌宝石眼镜

流的树脂材料又有TR、PV和板材这几类。而TR材料为一种记忆性高分子材料，是目前国际最流行、使用最多的超轻镜架材料。TR材料质量轻、弹性好、颜色多样，显得十分时尚。TR材料镜架的制作工艺主要是模具浇铸，也就是将原材料加热后，倒入现成的模具中，用机器挤压成型，然后打磨、上漆和组装完成。此外，板材镜架也十分流行，板材镜架又称碳晶镜架，通常用冷加工工艺制造而成。板材成分主要为醋酸纤维，分为注塑型和压制打磨型。板材的质地较轻，与钢皮的结合加强了牢固性能，且款式美观，不易变形变色，经久耐用，其表现形式多样，颜色很多，是中高档时尚眼镜品牌的最爱。

天然材料有玳瑁、特殊木材和动物头角等。一般木质眼镜架和牛角架很少见，常见的是玳瑁眼镜架。现在，玳瑁等一些动物已经被列为国家保护动物，因而有很多天然材质都已经被禁用了。玳瑁镜架的优点是质量轻、光泽优美，对皮肤无刺激，经久耐用（图6-4）。颜色有琥珀色、金黄色、亚黄色、灰黄色、棕斑色、棕红色、深斑色、乌云色等八种，很受中老年男性佩戴者的欢迎。牛角镜架呈半透明状，色泽通透，细看有天然的纹理，摸上去手感温润、厚实，非常舒适。木材镜架具有环保、健康和回归大自然的特点，符合时下人们追求绿色产品的心态。木材主要为檀木，檀木镜架因其坚硬的木质和美丽高贵的纹理、手感滑润细腻的特质，成为不可多得的艺术珍品（图6-5）。

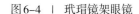

图6-4 ｜ 玳瑁镜架眼镜　　　　　　　图6-5 ｜ 木质镜框眼镜

镜片的种类繁多，我们通常根据镜片的材质和用途来分类。镜片按材质可分为三大类：水晶、玻璃和树脂。水晶是一种天然的石英晶体，主要成分为二氧化硅。水晶密度较大、硬度高、不易加工，对红外线和紫外线的阻挡和吸收不如玻璃，所以在作为镜片材料方面，水晶已经逐渐被玻璃和树脂所取代。用于制作镜片的玻璃为光学玻璃，可分为无色和有色两种，其中无色光学玻璃片分为光白片和高折射率片，有色光学玻璃片分为有色玻璃片、光学克斯片、光学克赛片和变色片。树脂又称光学塑料或光学树脂，是一种高分子有机化合物。树脂片的最大优点是镜片不易破碎，即使破碎了，裂口也不会锋利，因此特别适合儿童、学生、体育工作人员、野外工作人员和驾驶人员使用，适合人群十分广泛。此外，镜片按用途来分可分为球面镜片、散光镜片（柱面镜片）、棱镜片和特殊镜片等。球面镜片分为平光镜片、近视镜片、远视镜片，特殊镜片分为双光镜片、多焦点镜片、渐进多焦点镜片、镀膜镜片、偏光镜片、验光镜片和接触镜镜片等（图6-6）。

图6-6 | 装饰有标志图案的镜片

镜腿位于眼镜架的后半部分，与镜框、铰链一起组成眼镜架。镜腿材料有金属、TR、硅胶、塑料、板材等多种。镜腿的尾部一般呈弧形，内部一般装有金属丝，以加强其硬度与弹性。根据镜架材质的不同，镜腿也有不同的形状，金属材质镜架的镜腿通常比较细长，所以其末端都会有塑料或硅胶的脚套，用于增加镜腿与耳廓的接触面积，而板材、TR或PC镜架因为其镜腿本身就比较粗，无须再另外增加脚套了。镜腿因为材质的不同会有不同的弹性，一般来说弹性越大越好，金属材质的镜腿弹性比较大，所以可以调节的范围也比较大，不会因为镜架尺寸的细微误差而影响佩戴的舒适性，而板材的镜腿基本上是不可调节的。

6.3 创意设计

眼镜的设计需要考虑的因素较多，如佩戴眼镜时耳朵和鼻子的舒适度、镜片的规定厚度等，所以在设计之前，首先必须对这些因素进行充分研究。此外，为了使用方便，还应该考虑如何将眼镜折叠起来，这通常是镜框与镜腿连接处的铰链所需具备的功能。

由于佩戴性是眼镜必须具备的功能要求，所以从人体工程学的角度来讲，眼镜的各个部件都有一定的尺寸要求。眼镜架的规格尺寸是由镜框、鼻梁和镜腿三部分组成，每部分的规格尺寸又分单数和双数两种，其中镜框尺寸单数为33～59mm、双数为34～60mm；鼻梁尺寸单数为13～21mm、双数为14～22mm；镜腿尺寸单数为125～155mm、双数为126～156mm（图6-7）。

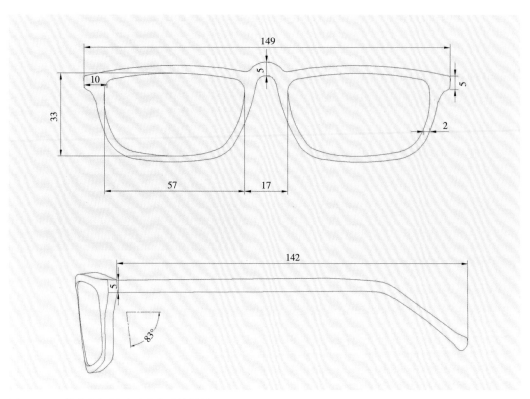

图6-7 ｜ 符合常规尺寸要求的眼镜设计

　　任何眼镜的创意设计都不能抛开佩戴功能来开展，只有在满足佩戴功能的前提下，眼镜创意设计才能从镜框造型、材质与结构创新等方面入手。而从外观的角度来讲，影响外观的最大的元素莫过于镜架（镜架与镜腿）的形态与色彩。那么，镜架的设计就成了眼镜创意设计中最重要的部分。

　　可以说，造型最基本的点、线、面元素在眼镜设计中显得尤为突出，因为从镜架的造型构成来看，其点、线、面形态元素的组合是显而易见与缺一不可的，这三种造型元素缺失任何一种，镜架都会弱化甚至丧失其装饰功能。点一般是借助色彩、材质、形状对整体形象造成的对比和反差表现出来的。相对于眼镜的整体造型，眼镜表面的方钉、饰件、接点、商标等都可以视为点，在视觉上往往可以起到画龙点睛的效果。线是眼镜造型中最常用、最基本的因素，大部分金属镜架基本就是由线组合而成的。一般来说，镜框的上沿是视觉中心，所以大部分眼镜设计师都会在镜框上沿倾注更多的笔墨。点与线的结合就形成了面，在眼镜造型中，面与点、线并没有绝对的界限，可以说，眼镜的鼻梁、横梁、镜腿侧面形成了面的视觉效果，特别是在塑胶镜架、混合镜架中，面的运用比较多。

　　镜框的形态变化非常丰富，各种几何形、仿生形都可以用来作镜框的外形，常见的镜框形态有圆形、椭圆形、方形、三角形、多边形、异型、仿生形等（图6-8）。镜框除外形变化以外，还可以从材料上寻找新意，如用珠子做的镜框、用塑料做的双层镜框等。金属材料镜框以其材质美、光泽感、肌理效果构成了具有时代感的审美特征，给人的视觉、触觉带来了直观的感受和强烈的冲击，比如黄金的辉煌、白银的高贵、青铜的凝重、不锈钢的亮丽等，都是在不同色彩、肌理、质地和光泽中显示出不同金属材质的审美个性与特征。一般来讲，男性更喜欢金属镜框带来的硬朗风格，从而更容易接受金属材质的镜框。除了金属，板材镜框以其精美的形态、丰富的色泽以及标新立异的审美情趣而深受年轻人的青睐。

图6-8 | 不同镜框形状的眼镜

　　镜片的色彩十分多样，绚丽的镜片色彩有利于眼镜与服装服饰以及肤色的多种搭配。一般来讲，夏季多选蓝色、绿色、棕色的镜片，冬季多选黄色、褐色、灰色的镜片。另外，绿色、灰色和咖啡色的镜片，能让佩戴者看到眼前物体的本色，对比较为清晰，最适宜驾驶时和平时使用；至于琥珀色、金色和黄色的镜片，可在阴天加强对比和深度，适宜在阴天或滑雪时佩戴；而粉红色、浅蓝色则会使透过的光线更强，遮光效果较小，但可与服装搭配，用来塑造身体形象（图6-9）。

图6-9 | 不同颜色镜片的眼镜

镜腿的装饰设计可以增强眼镜的风格化，是体现个性美的重要手段。使用板材制作而成的眼镜大多在镜腿部位设计有装饰元素，这些装饰元素利用拼料工艺、雕刻工艺、镶嵌工艺等制作而成，极富创意个性色彩（图6-10、图6-11）。

图6-10 ｜ 镶嵌宝石的镜腿

在眼镜的创意设计中，我们还必须遵循设计的形式美法则，比如单纯整齐、对称均衡、比例与尺度、对比协调、变化统一等。只有掌握了这些法则，并且熟练地运用这些法则，我们才能做出优秀的眼镜设计作品来（图6-12）。

眼镜与服装的搭配，一般情况下，是根据服装的颜色选择眼镜的颜色。从设计特征方面来讲，近视眼镜适合搭配日常装、正式装和职业装；太阳镜适合搭配日常装、休闲装和节日装；防风镜适合搭配日常装和职业装；防水镜适合搭配

图6-11 ｜ 缀有扇形饰片的镜腿

潜水服和职业装；外形夸张的眼镜适合搭配节日装、舞台戏剧装、化装舞会装等。

眼镜与其他配饰的搭配，一般来讲，女士的配饰包括首饰、丝巾、手包、手套、鞋品等，男士的配饰包括腕表、戒指、腰带、领带等。从服饰搭配原则来看，眼镜的颜色与材质要与这些配饰搭配协调、保持一致，如果佩戴金属类的配饰较多，眼镜镜架最好也选择金属材质，如果佩戴的配饰是木质的，那么镜架也最好选择板材镜架或者木质镜架。

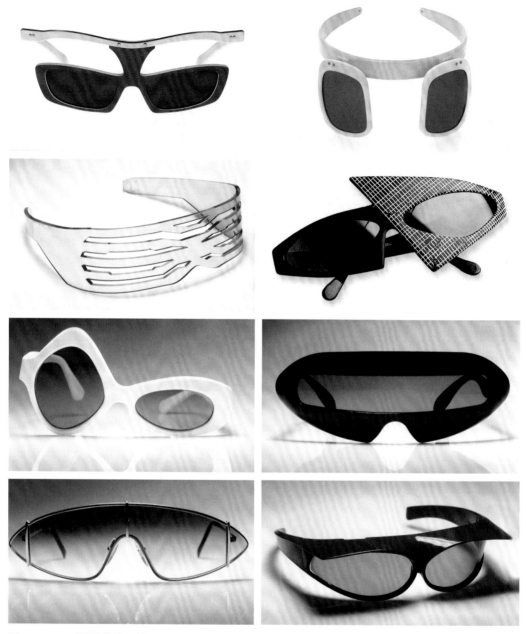

图6-12 | 不同结构的眼镜

6.4 设计草图

眼镜的设计草图分为单色草图与彩色草图两种。

单色草图可以快速记录设计灵感，以及把镜框与镜腿的形态、镜架的结构、眼镜的大小比例等元素快速地表现出来，其特点在于"快速记录"，十分有利于灵感的捕捉（图6-13~图6-16）。

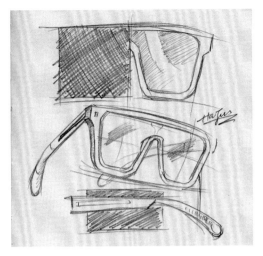

图6-13　│　眼镜单色设计草图1（胡俊绘制）

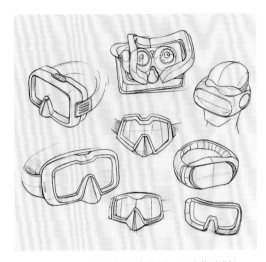

图6-14　│　眼镜单色设计草图2（韩蓦绘制）

图6-15　│　眼镜单色设计草图3（闫蓉笑绘制）

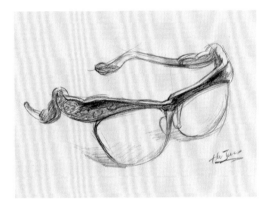

图6-16　│　眼镜单色设计草图4（胡俊绘制）

彩色草图在记录色彩、材料质感、整体视觉效果等方面具有优势。我们可以在单色草图的基础上，施以色彩，从而记录相应的色彩信息，以便观察眼镜各个部件的材料质感与整体色彩效果（图6-17、图6-18）。

图6-17　│　眼镜彩色设计草图1（李逸同绘制）

6.5 效果图绘制

相比草图而言，眼镜的外观效果图则需要绘制得较为正式，需要全面展现眼镜的整体造型、结构、比例关系、材料质感、色彩配置等。相对来说，效果图用于表现已经定型的设计作品，所以眼镜各个部件的形态、材质与色彩都应该表现完整和准确。

图6-18 | 眼镜彩色设计草图2（徐仔超绘制）

眼镜设计效果图的绘制步骤一般包括勾勒镜架的外轮廓、勾勒镜架的内部轮廓、勾勒鼻托轮廓、勾勒镜腿细节、描绘明暗关系、整体着色等。

6.5.1 眼镜单色效果图绘制（图6-19）

步骤1 用铅笔快速扫过纸面，在纸面留下挺拔有力的直线，这些直线界定了眼镜的外轮廓，同时也确定了眼镜的大致比例与尺寸。

步骤2 根据眼镜每个部件之间的相互关系，勾勒出每个部件的大致位置。

步骤3　先勾勒镜片与镜框的内部轮廓，再勾勒固定带与桩头连接部位的细节，进一步勾勒鼻梁的细节。

步骤4　进一步勾勒镜片、镜框以及鼻梁的细节。

步骤5　通过不同疏密与力度的线条，描绘眼镜整体的明暗关系，增强眼镜的体积感。

步骤6　根据不同材质的特点，进一步表现材料的质感。用硬挺的线条表现金属的质感与镜片的反光，添加皮质材料的褶皱肌理。

步骤7　在镜框、鼻托、鼻梁等处增加一些灰色调子，以丰富眼镜的层次感和立体感，完成眼镜的单色效果图绘制。

图6-19　｜　眼镜单色效果图绘制步骤（李逸同绘制）

6.5.2　眼镜彩色效果图绘制（图6-20）

步骤1　用铅笔快速扫过纸面，在纸面留下挺拔有力的直线，这些直线界定了眼镜的外轮廓，同时也确定了眼镜的大致比例与尺寸。

步骤2　根据眼镜每个部件之间的相互关系，勾勒出每个部件的大致位置。

步骤3　勾勒镜片、镜框与镜腿的内部轮廓，着重勾勒鼻托与鼻梁的细节。

步骤4　用排列线条的方式描画镜框与镜腿的转折面，塑造光影效果。这个步骤是确定眼镜的结构关系，以作为下一步上色步骤的参考。

步骤5　根据眼镜的结构关系，首先画出第一层固有色，在上一个步骤线条描画出的部件的区域内，分别将各个部件的固有色平铺，擦去辅助线。

步骤6　再上第二层颜色。在固有色的基础上，把各个部件的暗部的颜色加深，强调明暗交界线，增强眼镜的立体感。

步骤7 再上第三层颜色，以加强镜框、鼻托、鼻梁等主要部件的明暗对比，进一步强化其他部件的细节，需要注意各个部件的强弱对比，从而加强近实远虚的空间感。

步骤8 最后绘制镜框、镜片、鼻梁与镜腿的高光，强化它们的质感，丰富眼镜的层次感和立体感，完成眼镜的彩色效果图绘制。

图6-20 | 眼镜彩色效果图绘制步骤（李逸同绘制）

6.5.3 镶嵌工艺镜框眼镜彩色效果图绘制（图6-21）

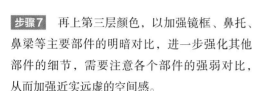

步骤1 用铅笔快速扫过纸面，在纸面留下挺拔有力的直线，这些直线界定了眼镜的外轮廓，同时也确定了眼镜的大致比例与尺寸。

步骤2 根据眼镜每个部件之间的相互关系，用线条勾勒出每个部件的大致位置。

步骤3 根据已确定好的位置，勾勒眼镜各个部件的内外结构线，并画出金属镶嵌部位的轮廓线以及宝石的刻面线。

步骤4 用排列线条的方式描画镜框、镜腿、宝石镶嵌等部位的转折面，塑造光影效果。这个步骤是确定眼镜的结构关系，以作为下一步上色步骤的参考。

图6-21

步骤5 根据眼镜的结构关系，首先画出第一层固有色，在上一个步骤线条描画出的部件的区域内，分别将各个部件的固有色平铺，描画镜框的纹理，擦去辅助线。

步骤6 再上第二层颜色。在固有色的基础上，把各部件的暗部的颜色加深，进一步描画玳瑁镜框的纹理，强调明暗交界线，增强眼镜的立体感。

步骤7 再上第三层颜色，以加强镜框、鼻托、鼻梁与宝石镶嵌等主要部件的明暗对比，进一步强化其他部件的细节，宝石的切割面根据光影的变化绘制不同的颜色，同时需要注意各部件的强弱对比，从而加强近实远虚的空间感。

步骤8 再绘制镜框、鼻梁、镜腿与宝石的高光，强化它们的质感，丰富眼镜的层次感和立体感。

步骤9 最后描绘眼镜的投影，完成镶嵌工艺镜框的眼镜彩色效果图绘制。

图6-21 | 镶嵌工艺镜框眼镜彩色效果图绘制步骤（李逸同绘制）

6.5.4 太阳镜彩色效果图绘制（图6-22）

步骤1 用铅笔快速扫过纸面，在纸面留下挺拔有力的直线，这些直线界定了眼镜的外轮廓，同时，也确定了眼镜的大致比例与尺寸。

步骤2 根据眼镜各部件之间的相互关系，用线条勾勒出每个部件的大致位置。

步骤3 根据已确定好的位置，勾勒眼镜各部件的内外结构线。

步骤4 用排列线条的方式描画镜框、镜腿、桩头等部位的转折面，塑造光影效果。这个步骤是确定眼镜的结构关系，以作为上色步骤的参考。

步骤5 根据眼镜的结构关系，首先画出第一层固有色，在上一个步骤线条描画出的部件区域内，分别将各个部件的固有色平铺，画出投影，擦去辅助线。

步骤6 再上第二层颜色。在固有色的基础上，把各部件暗部的颜色加深，在画镜框时需预留反光与亮部的空间，仔细描绘镜片中紫色向橙色的过渡区域，强调明暗交界线，增强眼镜的立体感。

图6-22

步骤7 加强镜框、鼻托、鼻梁与镜腿等主要部件的明暗对比，进一步强化其他部件的细节，画出高光、镜片的反光等细节。同时需要注意各部件的强弱对比，从而加强近实远虚的空间感。

步骤8 画出镜腿上的装饰标志，进一步描绘眼镜的投影，完成太阳镜的彩色效果图绘制。

图6-22 ｜ 太阳镜彩色效果图绘制步骤（李逸同绘制）

6.5.5 潜水镜彩色效果图绘制（图6-23）

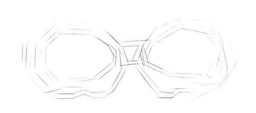

步骤1 用铅笔快速扫过纸面，在纸面留下挺拔有力的直线，这些直线界定了眼镜的外轮廓，同时，也确定了眼镜的大致比例与尺寸。

步骤2 根据眼镜各部件之间的相互关系，用线条勾勒出每个部件的大致位置。

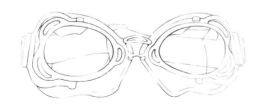

步骤3 根据已确定好的位置，勾勒眼镜各部件的内外结构线。

步骤4 用排列线条的方式描画镜框、皮套、鼻托、鼻梁等部位的转折面，塑造光影效果。这个步骤是确定眼镜的结构关系，以作为上色步骤的参考。

步骤5 根据眼镜的结构关系，首先画出第一层固有色，在上一个步骤线条描画出的部件区域内，分别将各个部件的固有色平铺，画出投影，擦去辅助线。

步骤6 再上第二层颜色。在固有色的基础上，把各部件的暗部的颜色加深，用灰色加重金属的暗部，强调明暗交界线，增强眼镜的立体感。

步骤7 加强镜框、皮套、鼻托、鼻梁等主要部件的明暗对比，进一步强化其他部件的细节，需要注意各部件的强弱对比，从而加强近实远虚的空间感。

步骤8 画出高光、镜片的反光等细节，同时画出眼镜的装饰线，进一步描绘眼镜的投影，完成潜水镜的彩色效果图绘制。

图6-23 | 潜水镜彩色效果图绘制步骤（李逸同绘制）

6.5.6 儿童眼镜彩色效果图绘制（图6-24）

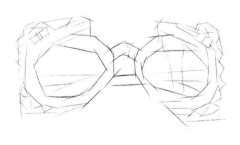

步骤1 用铅笔快速扫过纸面，在纸面留下挺拔有力的直线，这些直线界定了眼镜的外轮廓，同时，也确定了眼镜的大致比例与尺寸。

步骤2 根据眼镜各部件之间的相互关系，用线条勾勒出每个部件的大致位置。

图6-24

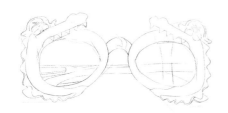

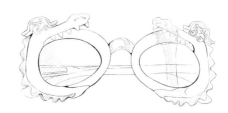

步骤3 根据已确定好的位置，勾勒眼镜各部件的内外结构线。

步骤4 用排列线条的方式描画镜框、皮套、鼻托、鼻梁等部位的转折面，塑造光影效果。这个步骤是确定眼镜的结构关系，以作为上色步骤的参考。

步骤5 根据眼镜的结构关系，首先画出第一层固有色，在上一个步骤线条描画出的部件的区域内，分别将各部件的固有色平铺，预留出高光的位置，擦去辅助线。

步骤6 再上第二层颜色。在固有色的基础上，把各部件的暗部的颜色加深，注意右侧镜片受光部分的明暗对比较强、结构较清晰，而左侧镜片的反射较少。

步骤7 再上第三层颜色。在上一步的基础上，加强鳄鱼造型镜框、镜片、鼻梁、镜脚等主要部件的明暗对比，进一步强化其他部件的细节，需要注意各部件的强弱对比，从而加强近实远虚的空间感。

步骤8 最后画出高光，加强镜片的光泽度等细节，完成儿童眼镜的彩色效果图绘制。

图6-24 | 儿童眼镜彩色效果图绘制步骤（李逸同绘制）

1.概述眼镜制作的不同材质及其特点，思考材质与设计之间的关系。

2.设计并绘制3种不同镜框造型的太阳眼镜。要求这3款太阳眼镜具有统一的设计语言，呈现为系列作品，设计图为彩色效果图。

3.以"夏威夷风情"为题，设计3款潜水眼镜。要求主题突出，造型简洁，具有实用功能。

第7章
腰带设计效果图绘制与表达

腰带，是束腰系身或装饰美化用的配饰品，素有时装彩虹之称，对时尚人群来说，腰带是一件不可或缺的配饰，无论女人还是男人，都会因为系了一条别致的腰带而变得时尚。

眼下，腰带不再仅仅是具备系束功能的实用品，而是充满时尚意味的装饰品，腰带的作用已经延展到了实用性之外的时尚搭配，其点缀的意义也日益凸显。请看国际上大大小小的时装秀，模特们早已离不开腰带了，一些国际品牌在腰带的设计与制作上下足了功夫，款式不断翻新，每季都会推出富有创意的新款，或者使用了新的材料，或者应用了新的理念。可以说，现代女性的腰带就像她们的时装，变化万千、造型多样。多年来，在设计师们的巧思下，腰带衍生出了绚丽多姿的时尚面貌（图7-1）。

图7-1 ｜ 现代腰带设计作品

7.1 腰带的结构

腰带主要由条形材料制成，其目的为固定衣物。目前，最流行的腰带类型由一个金属扣和带有几个孔眼的条形材料组成。系扎者可以调整皮带的孔眼位置，使之与腰围尺寸相吻合。通常使用腰带时，人们会将腰带穿过裤子、裙子和衣服上的带环，以此固定腰带的位置。腰带也可以系扎在衣服的外面，以勾勒身体的外观线条和轮廓。

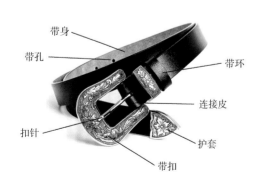

带身
带孔
带环
连接皮
扣针
护套
带扣

图7-2 ｜ 腰带主要的外观部件

腰带一般分为带扣（含扣针）、连接皮、带身（含带孔）、带环、带尾（含护套）五个部分（图7-2）。

带扣：是腰带前端的一个五金配件，用来装饰和固定整个腰带，可分为针扣、扳扣和自动扣三大类。

连接皮：是连接带身和带扣的一小块皮革，大致有两种形式的连接皮，一种是连接皮与带身为一体的，另一种是连接皮与带身用的不是同一根皮料，而是独立的一块皮将带身和带扣相连。

带身：作为整条腰带最长的部位，缠绕腰部，起到系扎的作用。

带环：是套在带身上的环状部件，其作用在于固定带尾，是一个可以在带身上来回活动的部件。

带尾：是带身的尾端，其形状多有不同，这个部位可以说是一条腰带的点睛之笔，是可以提升整根腰带气质的部位。以下是几种比较常见的带尾形状（图7-3）。

| 平尾 | 矛尾 | 圆尾 | 梯形尾 | 斜切尾1 | 斜切尾2 |

图7-3 ┃ 不同的带尾形状

腰带的种类较多，分类方法也不同，主要有以下几种：按材料分类有皮带、塑料带、金属带、布带、草编带等；按腰带的外观分类有链状带、编结带、雕花带、切割带等。随着人们对腰带的重视程度不断上升，现有腰带的品种也越来越多，腰带的设计也越来越个性化，款式也越来越丰富（图7-4）。

带扣是腰带的视觉中心点，所以，带扣不仅样式繁多，其结构也是多种多样。目前，市场上常见有三种形式：针扣、扳扣和自动扣，还有一些特殊的带扣，如骑兵扣等。

针扣主要分为两种：单针和双针。针扣设计显得简约大气，耐用性较好。手工定制腰带一般都使用针扣（图7-5）。

扳扣一般是指在金属带扣的前端下方，有一个扣头，可以卡在带身的带孔里，从而达到束缚腰带的目的。扳扣的结构较为简单，许多腰带品牌都会把自己的标志作为扳扣的主要造型（图7-6）。

图7-4 ┃ 个性化的腰带款式

图7-5 Ⅰ 单针腰带

图7-6 Ⅰ 扳扣腰带

自动扣有滑轨设计，所以使用起来很方便，但缺点是使用寿命不长，容易坏（图7-7）。

其他特殊的带扣，如骑兵扣，较为少见，但很别致，包含机车元素，具有嘻哈风格与西部牛仔风（图7-8）。

图7-7 Ⅰ 自动扣腰带

图7-8 Ⅰ 骑兵扣腰带

7.2 材质

时下，腰带已经成为时尚行业中极具个性色彩的配饰。因为强度和柔韧度的特殊要求，皮革已经成为腰带制作过程中最重要的材料。另外，天然材料与合成材料，如塑料、维纶和织物等，也是腰带制作过程中常用的材料。有一些设计师，还会根据服装的面料决定腰带的材料，采用与服装相同材料制成腰带，会与服装形成相当好的搭配效果。例如，漆皮腰带显得华丽又时尚；绒面材质的腰带在冬季更为流行，与毛衣搭配相得益彰。需要注意的是，使用织物制作腰带时，需要同时使用厚重的支撑性材料，以确保材料的硬度符合要求，或使用厚重的机织带，以确保材料能够承受使用时施加的压力。

一般来讲，制作腰带的材料有以下几种。

皮革材料：动物皮革、人造革、合成革等。动物皮革以牛皮为主，牛皮的韧性、坚固性、耐用性非常好，在牛皮上进行压花和自然纹理处理的效果也都非常好。昂贵的头层牛皮通常用于制作商务礼服腰带，二层牛皮相对便宜，一般用来做休闲带。羊皮经过剥皮、压条之后，会变得更加柔软和轻盈，用羊皮制成的腰带，质地美观、柔软，光泽自然。猪皮的表面气孔较多，又圆又厚，皮面凹凸不平，手感较为坚硬粗糙。猪皮腰带在中国的接受度相当一般，但在欧美人眼里，猪皮腰带的性价比高，相当受欢迎。PU通常被称为人造革，是常见的皮带材料之一。它最大的优点是价格低廉、颜色鲜艳、款式多样，但韧性极差。还有一些珍稀动物皮，如袋鼠皮、蛇皮等，也会用于腰带的制作。这些皮料通常用于手工制作的腰带（图7-9）。

织物材料：棉、毛、丝、麻和化学纤维织物等。使用棉、毛、丝、麻和化学纤维织物等材料制作而成的腰带，具有非常柔软的质感，也有一定的韧性。同时，织物材料的设计自由度很高，也能适应多种加工工艺，所以能够设计成非常时尚的样式（图7-10）。

塑胶材料：各种塑料、橡胶等。塑料材料多用于制作带扣、带环，而橡胶材料可用于制作带身和带尾。塑胶材料的工艺制作灵活度较高，造型多样，但硬度偏低。

金属材料：各种金、银、铜、铝、不锈钢、合金等。金属材料主要用于带扣的制作，带扣是整个腰带中曝光率最高的部分，是腰带质量和档次的标志，所以，成功的男人或商务人士非常在意腰带扣。带扣有钢扣、铜扣、银扣、金扣、合金扣之分。目前，带扣最常用的材料是锌合金，一般是通过注塑机把锌合金熔化后用模

图7-9 ｜ 动物皮革腰带

图7-10 ｜ 棉布料腰带

具铸造成形，再经过各种后期的抛光、电镀等工艺加工而成。除了锌合金以外还有部分使用铜做原材料，铜扣经过后期处理可获得更好的光泽度、手感和耐久性。此外，采用不锈钢制作带扣的比例也在增加，高等级的不锈钢具有很好的质感，但成本较高，加工难度较大。还有一些采用锡合金或者铁做原材料的带扣，但因为质感欠佳，常用于低档产品或快销品。金属带扣的表面处理工艺一般有抛光、电镀及特殊工艺等，特殊工艺包括拉丝、分色电镀、磨胶、镭射、蚀刻、UP标志、镶钻等，可谓种类繁多，加工效果也是精彩纷呈（图7-11）。

图7-11 ｜ 金属材料腰带

编结材料：各种纤维、竹草等编结材料。除了皮革，多种纤维、竹草等编结材料也可用于设计制作编结腰带。纤维与竹草材料的优势在于柔韧性较高，便于加工，可与多种装饰工艺相结合。此外，纤维与竹草材料为天然材料，符合当下可持续发展与环保的设计理念和要求（图7-12）。

图7-12 ｜ 编结材料腰带

其他材料：亮片、珠子、花朵等装饰材料。亮片、珠子、花朵等多种装饰材料的应用，极大地丰富了腰带的装饰元素，使腰带的设计越来越富有个性色彩。当然，这些装饰材料的应用一定要以佩戴的安全性与舒适性为前提，不可对人体造成任何危害。

应该说，不同腰带材料的质感、纹理、色彩具有不同的外观效果，为了服装与服饰的整体协调，也可以采用与服装面料相同或相似的材料制作腰带。这种腰带一般要加硬衬，如果是透明薄织物，则需加衬里，以免露出缝头，粗厚的织物则应该采用细薄织物做衬里。另外，还可以利用各种装饰手段和技法，如镶嵌、刺绣、印花、编结、花结、悬挂饰物等，制作各种花式腰带，如绣花腰带、镶边腰带、串珠腰带等。

7.3　创意设计

女式腰带的设计变化较多，装饰性大于实用性（图7-13）。女式腰带采用纺织品和皮革材料较多，皮革腰带较细窄，色彩典雅并附加精致的饰物，纺织品的柔美风格用于腰带，尽显淑女柔情。相比之下，男式腰带的设计实用性大于装饰，它们通常朴素无华，是功能性配饰中的无名英雄。男士选择腰带时一般比较注重品牌与质量。如今男式腰带的设计也在寻求突破，在中规中矩的样式之外，也出现了较有创意的款式。这些男式腰带有的十分粗犷；有的在宽厚带身的边

图7-13　｜　创意腰带设计

缘用细皮条缝制，并以此为装饰；有的则干脆不要任何装饰，只是一根厚厚的皮带身而已，这些自由奔放的款式设计，带着大自然的气息，更能展现男子汉的气魄。

在回归自然之风的吹拂下，一些用天然材料，比如麻、皮条、木片、贝壳等材料制造的腰带备受宠爱，造型也以自然随意为主。麻与皮革在腰带设计中，是最好的搭档，麻的粗糙与皮革的细腻，既相互对比又相互衬托，很受酷爱休闲装束的女孩喜欢；用皮条编结的腰带，成了牛仔装的好姊妹；而木片、贝壳制成的腰带则是裙装的最好配饰。虽说这些变化已经很多，可对设计师来说却仍觉不过瘾，于是细细的金属链也变成了腰带。一位身穿白色裙装，腰系银色金属链的女孩，细细的长链在腰间绕了两圈，走起路来，金属链发出的白色光泽与白裙相衬，真是一道美丽的风景。

款式设计可以自由自在，但也要以腰带的实用性为基础，最首要的，就是腰带的长度需要适度。腰带的长短十分重要，既要保证舒服合适，又要保证美观大方。男士腰带的长度一般都在110~130cm，一般情况下，不同的腰围要选择不同的腰带长度，也就是说要根据腰围大小选择合适尺寸的腰带。一般腰带的标准长度为腰围加15cm。如果腰带长度不足，搭头部分短，会给人不协调的感觉；如果搭头太长，又有累赘之感。这里还有一个"有效长度"的概念，有效长度不是整根腰带的长度，而是指带扣末端到带身常用孔之间的长度。有效长度对于佩戴的舒适性尤为重要。腰带的外观一般应该是细长形的，其宽度一般在5cm之内，常见的宽度有2.6cm、2.9cm、3.4cm、3.5cm、3.8cm，商务正装腰带通常为3.18cm宽，休闲款腰带通常为3.18~3.8cm宽。太宽的腰带造型会显得非常笨重，

而且在原则上已经失去腰带的意义。太细的腰带只能起装饰作用，不能受力，因为太细的腰带其牢固程度必定有限（图7-14）。

图7-14 | 符合常规尺寸要求的腰带

带身上面的孔，其形状与大小没有统一的规定，而是根据带扣的针的大小和形状而定。那么，两孔之间的距离是多少才合适呢？一般来讲，腰带孔之间的距离大约是3.3cm较为合适，一般腰带的打孔数为五个，最后一个孔到带尾的距离20cm左右较为合适。

腰带设计主要指腰带的造型设计。总的来说，腰带的造型为窄长型，因为它是束在腰间的，其宽度不可超过30cm，否则就会影响佩戴的舒适性，20cm左右的腰带已经算是很宽的腰带了。腰带的造型设计主要有宽带、窄带、宽窄结合、尖长、细圆、波浪形等。宽度在10～20cm的腰带，都可以理解为宽带，由于此类腰带较宽，所以装饰性较大，宽带十分适合搭配低腰牛仔裤，打造性感热辣的形象；宽度在10cm以下的属于窄带，这类腰带较窄，因此表面装饰物较少，装饰变化多体现在带扣上，窄带通常用来搭配宽松的上装；宽窄结合款腰带的设计一般比较轻松活泼，适合年轻女性佩戴；尖长款腰带特别适合腰部纤细的女孩，若加上金色铜扣则格外引人注目；细圆款腰带可以充分展现腰部曲线；波浪形腰带则会使佩戴者显得十分妩媚（图7-15、图7-16）。

此外，还有流苏装饰腰带，比较适合搭配牛仔类、豹纹图案及面料较硬的时装裤；珍珠装饰的腰带，帅气中带着一丝女性的柔媚，可用于裙子与时装裤的搭配；丝巾腰带，可

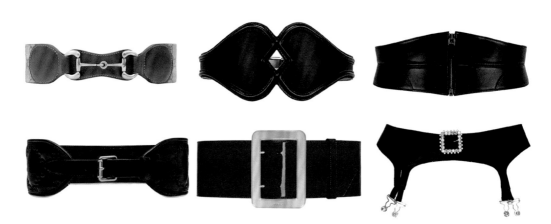

图7-15 | 宽腰带的不同样式

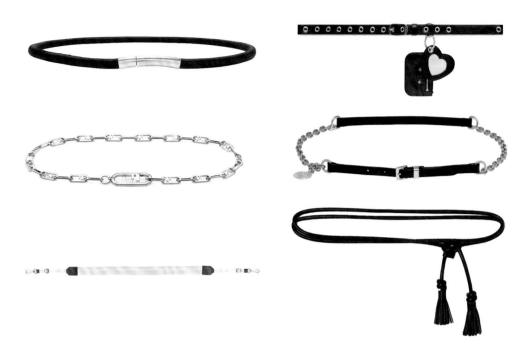

图 7-16 ｜ 窄腰带的不同样式

以给佩戴者带来飘逸和潇洒的气质，长长的飘带犹如无声的言语，让忙碌的生活因为这细致的变化而与众不同。可以说，现代腰带的款式设计可谓巧思不断，如在腰带上挂一个小包，可以放置常用的小物件、钥匙、眼镜和钱等，使用方便且安全，很受外出旅行者的青睐（图 7-17）。

图 7-17 ｜ 附有小包的腰带

　　腰带扣为设计师提供了彰显个性的机会。通过改变腰带扣的外观设计，使腰带扣成为一个带有特殊功能的组件。许多设计师都利用腰带扣这一组件来展示特殊标识和表面加工技术，如通过镶嵌宝石来制造表面装饰效果。从形态来讲，带扣有方形、圆形、心形、菱形等形状，其连接处的结构也是多种多样，有钩子式、回形夹子式、洞扣式、纽扣式等（图 7-18）。

图7-18 | 不同带扣形状的腰带

　　就色彩方面而言，腰带在服装整体中所占的面积较小，所以腰带的色彩应该亮丽，但是不要太花。另外，还可以由不同质感、不同纹理、不同色彩的材料组合镶拼成外观新颖的腰带。目前流行的腰带材料新奇别致，有的用轻软的绸料在腰间缠绕二周，然后在腰侧或腰后扎成蝴蝶结，使服装展示出淑女柔情；有的用染色的皮革或透明的彩色PV材料制成；也有的用木珠编串而成。还有的受摇滚风潮的影响，缀着闪亮碎石的宽腰带也格外受人青睐，它与低腰皮裤或牛仔七分裤相配，使穿着者有潇洒挺拔、狂野不羁的风格。

　　腰带作为服装的配饰，已成为整体服饰形象的一个组成部分，不管腰带的形式如何多样，都需要与整体的服装搭配相协调，腰带的设计与选择要在风格、款式、色彩等方面与服装相呼应。比如，连衣裙系上与面料相同的腰带，会有浑然一体的美感；运动或休闲款式的服装系上简洁明快、不对称款式的腰带，会有轻松活泼的感觉；宽松式衣裙，在腰胯部位系上造型宽窄不一的腰带，有豪放洒脱的风度。

7.4 设计草图

　　腰带的设计草图分为单色草图与彩色草图两种。

　　单色草图可以快速记录设计灵感，把带扣与带身的形态、结构、大小比例等元素快速地表现出来，其特点在于"快速记录"，十分有利于灵感的捕捉（图7-19）。

　　彩色草图在记录腰带的色彩、材料质感、整体视觉效果等方面具有优势。我们

图7-19 | 单色腰带设计草图（胡俊绘制）

可以在单色草图的基础上，施以色彩，从而记录相应的色彩信息，以便观察腰带各部件的材料质感与整体色彩效果（图7-20、图7-21）。

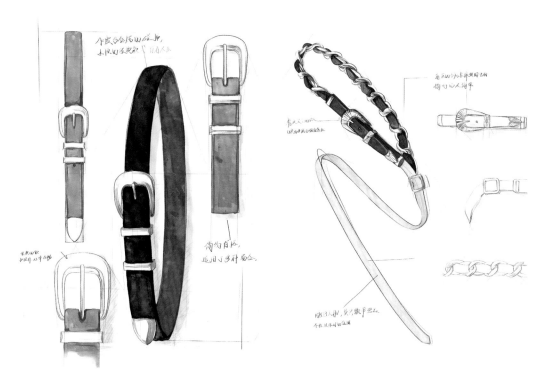

图7-20　｜　彩色腰带设计草图1（王煜鑫绘制）　　图7-21　｜　彩色腰带设计草图2（王煜鑫绘制）

7.5　效果图绘制

相比草图而言，腰带的外观效果图则需要绘制得较为正式，需要全面展现腰带的整体造型、结构、比例关系、材料质感、色彩配置等。因为效果图用于表现已经定型的设计作品，所以腰带各部件的形态、材质与色彩都应该表现完整和准确。

腰带设计效果图的绘制步骤一般为：勾勒腰带的外轮廓、勾勒腰带的内轮廓、描绘明暗关系、整体着色等。

7.5.1 腰带单色效果图绘制（图7-22）

步骤1 勾勒腰带的整体外轮廓，尽量用直线来画，确定腰带的大致形状与大小。

步骤2 进一步细化腰带扣和带身的轮廓，将直线转为顺滑的曲线，画出带身的厚度，勾勒带身的装饰线条，确定宝石的大致位置。

步骤3 用较深的和较浅的色调塑造腰带的整体明暗关系，使腰带具有一定的立体感。带扣的描绘也要进一步深入。

步骤4 画出每一颗宝石的确切位置，勾勒宝石的刻面。加深腰带暗部的色调，完成黑白灰关系的塑造。

步骤5 仔细刻画金属带扣、带环及带尾，使这些金属件的明暗对比得到强化，表现其金属质感。

步骤6 继续刻画带身，重点在受光部分，受光部分的细节体现了皮革的质感。带身的明暗关系较为柔和，但纹理凹凸不平，可以加深纹理的线条，画出形状不规则的鱼鳞状小格。

步骤7　刻画宝石的刻面，描绘宝石的暗部与亮部，画出高光。最后完善腰带的投影，完成腰带单色效果图的绘制。

图 7-22　｜　腰带单色效果图绘制步骤（郑雅琪绘制）

7.5.2　腰带彩色效果图绘制（图 7-23）

步骤1　画出整体外轮廓，开始的线条可以先不那么确定。勾勒腰带的整体外轮廓，尽量用直线来画，确定腰带的大致形状与大小。

步骤2　进一步细化腰带扣和带身的轮廓，将直线转为顺滑的曲线，画出带身的厚度，勾勒带身的装饰线条，确定宝石与带孔的大致位置。

步骤3　平铺腰带的固有色，初步表现腰带的整体明暗关系。

步骤4　画出金属带扣、宝石和孔洞的明暗关系，完成腰带整体明暗与色彩大效果的绘制，注意留出金属和宝石的高光。

图 7-23

步骤5 进一步刻画带身的红色正面，调整其色彩及明暗关系。皮材的明暗关系较为柔和，注意亮部与暗部之间的转折过渡要自然，画出暗部的反光，加强明暗交界线。

步骤6 进一步刻画带身的紫色背面，调整其色彩及明暗关系，画出带身经过弯折后的空间立体感。

步骤7 进一步仔细刻画金属带扣、宝石和孔洞。金属材质的明暗对比较为强烈，其明暗交界线较为清晰，所以要用较尖细的笔来强调其明暗交界线。刻画宝石的暗部，留出亮部。

步骤8 画出宝石的高光，完善腰带的投影，完成腰带彩色效果图的绘制。

图7-23 ┃ 腰带彩色效果图绘制步骤（郑雅琪绘制）

7.5.3 金属带扣彩色效果图绘制（图7-24）

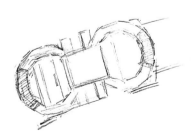

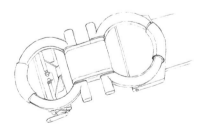

步骤1 画出整体外轮廓，开始的线条可以先不那么确定。勾勒腰带的整体外轮廓，尽量用直线来画，确定腰带的大致形状与大小。

步骤2 进一步细化腰带扣的内外轮廓，将直线转为顺滑的曲线，画出带扣的厚度，勾勒带扣的内部结构。

步骤3　在带扣的暗部平铺固有色，初步表现腰带的整体明暗关系。

步骤4　刻画皮质部分，皮质的明暗过渡较为柔和，其亮部可以看作灰色，暗部看作黑色，且会有金属的反光。在带扣的周围画灰色调，以突出作为画面主体的带扣。

步骤5　进一步刻画金属材料的质感，金属材料的明暗对比较为强烈，明暗交界线较为清晰，留出亮部，加重暗部，用尖细的笔强调明暗交界线，刻画暗部的反光。

步骤6　在金属材料的亮部及边缘平涂一层金属固有色，丰富金属材料的层次，增强它的光泽度和质感。

步骤7　画出皮质上的纹理，加强它的质感。进一步完善投影部分，完成金属带扣彩色效果图的绘制。

图7-24　|　金属带扣彩色效果图绘制步骤（郑雅琪绘制）

7.5.4 镶嵌宝石带扣彩色效果图绘制（图7-25）

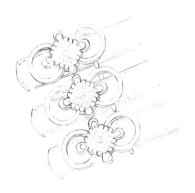

步骤1 勾勒整体外轮廓，忽略金属带扣上的其他细节，先确定中心大宝石的位置和大小，其他小宝石先以打格子的方式排好位置即可。

步骤2 平铺皮质带身的固有色，画出其厚度。

步骤3 平铺金属带扣的固有色，画出其厚度。

步骤4 加深金属带扣的轮廓线，进一步刻画金属带扣的暗部，强调明暗转折处的对比。

步骤5 仔细刻画宝石，先用浅灰色平涂宝石的亮部，留出高光，再用深灰色平涂宝石的暗部。

步骤6 进一步描绘皮质带身，画上缝纫线，加深皮质带身的厚度颜色，增强它的立体感。

步骤7 画出宝石的高光，描绘金属带扣的投影，完成镶嵌宝石带扣彩色效果图的绘制。

图7-25 | 镶嵌宝石带扣彩色效果图绘制步骤（郑雅琪绘制）

7.5.5 皮质带扣彩色效果图绘制（图7-26）

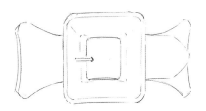 

步骤1 勾勒腰带的整体外轮廓，尽量用直线来画，确定腰带的大致形状与大小。

步骤2 用红色平涂皮质带扣与带身的固有色，初步表现整体明暗关系。

步骤3 继续塑造皮质带扣与带身的明暗关系。皮质带扣与带身的明暗关系相对较为柔和，所以明暗转折处的色彩过渡也要柔和。金属扣针用浅灰色来表现。

步骤4 进一步描绘皮质带身的结构，加深皮质带身的边缘线，并用虚线描绘缝纫线，加强腰带的立体感。

图7-26

步骤5 细化金属扣针，画出它的明暗色调，强化它的立体感，画出带孔。

步骤6 画出金属扣针的高光，细化带孔的结构，描绘投影，完成皮质带扣彩色效果图的绘制。

图7-26 | 皮质带扣彩色效果图绘制步骤（郑雅琪绘制）

7.5.6 不同皮料腰带的彩色效果图绘制（图7-27）

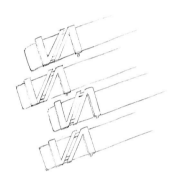

步骤1 勾勒腰带的整体外轮廓，尽量用直线来画，确定腰带的大致形状与长短。

步骤2 分别用咖啡色、浅蓝色、橙红色和浅棕色平涂带扣与带身的固有色，初步表现整体的明暗关系。

步骤3 在第一条和第二条腰带上，用比固有色深一些的颜色画出斜纹线条。

步骤4 在第三条腰带上，用比固有色深一些的颜色画出竖纹线条。

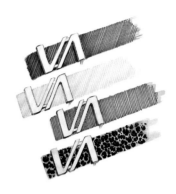

步骤5　在第四条腰带上描绘豹纹肌理，先用棕色画圆点，再用灰黑色围绕圆点随意地画出大小各异的形状，最后用米黄底色整体渲染第四条腰带。

步骤6　勾勒金属带扣的轮廓线，画出金属带扣侧面的反光，加深暗部色调，使金属带扣具有立体感。

步骤7　勾勒皮质带身的轮廓线，画出它的厚度，描绘投影，完成不同皮料腰带的彩色效果图的绘制。

图7-27　｜　不同皮料腰带的彩色效果图绘制步骤（郑雅琪绘制）

✎ **思考与练习**

1.概述腰带制作的不同材质及其特点，思考材质与设计之间的关系。

2.设计并绘制3种不同带扣造型的腰带，要求这3款腰带具有统一的设计语言，呈现为系列作品，设计图为彩色效果图。

3.以"灵动"为题，设计3款宽腰带。要求主题突出，造型简洁，具有实用功能。

参考文献

[1] 宣臻，杨囡.服装配饰设计[M].重庆：西南师范大学出版社，2019.

[2] 童友军.服饰配件表现技法[M].北京：中国纺织出版社有限公司，2021.

[3] 尤伶俐，戴焰觉.服饰品设计艺术与创意实践[M].长春：吉林美术出版社，2022.

[4] 贾汶傧.服饰概论[M].哈尔滨：黑龙江教育出版社，1995.

[5] 欧阳周，陶琪.服饰美学[M].长沙：中南工业大学出版社，1999.

[6] 吴静芳.服装配饰学[M].上海：东华大学出版社，2012.

[7] 吴绒主.珠宝首饰设计概论[M].北京：化学工业出版社，2017.

[8] Stefano Papi, Alexandra Rhodes. 20th Century Jewelry & the Icons of Style[M]. 2 Edition. Thames and Hudson Ltd, 2016.

[9] Judith Miller. Costume Jewellery[M]. Octopus Publishing Group Ltd, 2010.

[10] Daniel James Cole, Nancy Deihl. The History of Modern Fashion: From 1850[M]. London: Laurence King Publishing, 2015.

教学资源

编号	页码	名称	二维码
1	001	第1章　手绘配饰设计概述　PPT	
2	019	第2章　首饰设计效果图绘制与表达　PPT	
3	057	第3章　箱包设计效果图绘制与表达　PPT	
4	089	第4章　鞋品设计效果图绘制与表达　PPT	
5	115	第5章　腕表设计效果图绘制与表达　PPT	
6	135	第6章　眼镜设计效果图绘制与表达　PPT	
7	157	第7章　腰带设计效果图绘制与表达　PPT	